A Scientist's Guide to Talking with the Media:
Practical Advice from the Union of Concerned Scientists

科学家与媒体打交道指南

来自忧思科学家联盟的实践建议

［美］理查德·海斯 ［美］丹尼尔·格罗斯曼 著

王大鹏 译

科学普及出版社
·北 京·

图书在版编目(CIP)数据

科学家与媒体打交道指南:来自忧思科学家联盟的实践建议 /(美)理查德·海斯,(美)丹尼尔·格罗斯曼著;王大鹏译 . -- 北京:科学普及出版社,2021.4
ISBN 978-7-110-10053-0

Ⅰ.①科… Ⅱ.①理…②丹…③王… Ⅲ.①传播媒介–应用–科普工作–研究 Ⅳ.① G316

中国版本图书馆 CIP 数据核字(2019)第 275096 号

策划编辑	郑洪炜	
责任编辑	郑洪炜	牛 奕
封面设计	中文天地	
正文设计	中文天地	
责任校对	张晓莉	
责任印制	马宇晨	

出 版	科学普及出版社	
发 行	中国科学技术出版社有限公司发行部	
地 址	北京市海淀区中关村南大街16号	
邮 编	100081	
发行电话	010-62173865	
传 真	010-62173081	
网 址	http://www.cspbooks.com.cn	

开 本	787mm × 1092mm　1/16
字 数	165千字
印 张	12.5
印 数	1—1000册
版 次	2021年4月第1版
印 次	2021年4月第1次印刷
印 刷	北京盛通印刷股份有限公司
书 号	ISBN 978-7-110-10053-0 / G·4290
定 价	35.00元

Hayes, Richard and Daniel Grossman. *A Scientist's Guide To Talking With The Media: Practical Advice from the Union of Concerned Scientists*. New Brunswick:Rutgers University Press, 2006. Copyright © 2006 by the Union of Concerned Scientists. Chinese translation rights arranged with Rutgers University Press, New Brunswick, New Jersey.

下面是一个是非判断的小测验：

- 恐龙和人类从来没有共存过。
- 分子比电子大。
- 激光的原理是把光波集中。
- 地球每年绕太阳转一圈。
- 抗生素不能杀死病毒。

科学家可能知道上述每一种表述都是正确的，但是，我们不能说所有美国人都能答对这些问题。实际上，对于每一种陈述，美国国家科学基金会（National Science Foundation，NSF）于2001年调查的成人中大约有一半给出了错误的答案。联邦机构每两年就公众对科学和技术的态度及理解所发布的报告发现，不仅美国公众会搞错基本的科学事实，而且大约有2/3的美国人并不能真正地了解科学是如何运作的。

因此，有相当大一部分美国人接受鬼神存在以及心灵感应之类的伪科学主张的现象就说得通了，这些伪科学主张虽然用科学的语言来呈现，但是却缺乏证据和合理性。比如，超过1/4的美国人相信占星术的假设：

即恒星和行星的位置会影响个人生活。根据美国国家科学基金会的观点，对这种"超自然的"现象的迷信仍在攀升。

其他研究强化了美国人对基本科学和技术原理的无知这一观点。比如，由国家环境教育培训基金会（National Environmental Education & Training Foundation）和洛普民意研究中心（Roper Research）联合开展的调查显示：只有 12% 的美国人通过了对美国能源生产和使用的基本测试。国际技术教育协会（International Technology Education Association, ITEA）开展的调查显示，仅有一半的美国人知道电话如何把声音从一个地方传输到另外一个地方。

也许这不足为奇，因为人类作为一个物种，我们总是会让专家关注技术的细节，以便我们其他人不必都去"摩擦生火"。哪怕是回到 1936 年，阿尔伯特·爱因斯坦也说，"只需要就电话机或者收音机中到底发生了什么以及在夜晚点亮房间的电流是如何产生的问一下街头巷尾上的众人，你就会知道在把这些事物托付给他们的世界里，他们中的绝大多数就好像是陌生人一样"。或者正如国家研究理事会（National Research Council）在这个话题方面发表的一份报告中总结的那样："作为一个社会，我们甚至没有充分意识到甚至完全不熟悉我们日常所用的技术。简言之，我们不具备'技术素养'。"

就算这对科学家来说并不是什么新闻，但是对于那些想把他们的研究或者观点传播给普通公众的科学家来说，这也是一种不容乐观的现实。如果公共政策想建立在扎实的实证基础之上，这也具有一些启示：比如，如果在治疗感染方面的最基本事实都被误解的话，那么在生物战争的威胁或者抵御生物战争方面会有明智的辩论吗？当有相当一部分选民不理解地球和太阳在太空中的关系时，在如何阻止全球变暖方面还能达成共识吗？

本书的目的不是就科学思想的原则、科学理解的基本事实或技术的基本原理来教育美国公众。这是一个长远的目标，需要很多方面的不懈努力。但是为了欣赏科学发现和相关活动的价值，真的需要公众知道各种事物是如何运作的吗？显然不是。比如，在不理解电话里面到底有什么的情况下，美国人还是能理解电话通信的价值。我们认为，公众想知道科学和技术方面的最新进展对人类、商业或自然界意味着什么，即便他们不理解科学或技术是如何运作的。因而，科学家和其他研究人员不仅在传播这些事实方面能够发挥重要作用，而且在传播科学和技术的价值方面也能发挥重要作用。

本书特别关注于科学家能如何利用媒体来提升对科学研究和科学思想的认识。在美国，大多数成人通过媒体了解新近提出的理论、新近发现的事实以及已确立的知识。有人估计，孩子们获取的环境信息中有 83% 来自媒体。即使是科学家也会通过报纸、广播和电视（以及越来越多地通过互联网新闻网站）来获取科学的进展——包括他们自己领域的进展。在向报刊记者和广播记者谈及他所开展的拓展活动时，明尼苏达大学双子城校区（University of Minnesota）的生态学家李·弗雷利赫概括了为何媒体如此重要，"我影响到的人数要比我在大学课堂里或者科学会议上接触到的人多得多"。弗雷利赫估计《国家地理》（*National Geographic*）、《华尔街时报》（*Wall Street Journal*）、哥伦比亚广播公司（Columbia Broadcasting System）和十几家其他的国内和本地报纸、杂志以及电视节目就侵入性蚯蚓的生态影响、原始森林和次生林的差异以及其他生态议题对他进行过六七十次的采访。

媒体是一种服务于一连串小但稳定的科学新闻的信息设施，以引用原声摘要或幕后的形式作为信息关键来源的科学家是其燃料。但是，如果输油管道发生了障碍又会如何呢？就像电力故障期间的电力设施一样，这种公共事业将会停工，而公众将会留在黑暗中。这就是今天在某种程度上正在发生的事情，新闻行业优先事项的变迁压缩了科学报道空间和预算。科学家必须加倍努力以让自己的声音被倾听到，但是到目前为止他们并没有这么做。已故的数学家兼人文主义者雅各布·布鲁诺斯基对这种事态表示遗憾。他认为科学素养是一种迫切需要的事情，他写道，"今日的世界由科学所构成，由科学所驱动。放弃对科学的兴趣的任何人都是在眼睁睁地走向奴隶制度"。

在某种程度上，问题在于很多科学家对传播者的角色感到不自在。很多科学家甚至不愿意与记者交流。我们在第二章详细地讨论了原因。最明显的原因就是谨慎。每当一个科学家出现在媒体上，他（她）就是在把煞费苦心地获得的名声置于危险的境地。科学上的名声是多年来缓慢且谨慎地建立起来的。不好的报纸文章或者在电视上糟糕的表现会败坏了这种名声。除此之外，谨慎还告诫科学家要远离聚光灯。但是科学家不能成为一个畏首畏尾的人；科学家的研究和知识太重要了，以致不能只由你的同事们所使用。每一次采访、每一场新闻发布会以及每一次拍照的机会都是对成人进行教育的一种行为，这种行为逐渐地为支持科学理解打下原则和事实的基础——就像风吹的沙粒会在不知不觉中形成沙丘一样。科学家有必要在媒体上发声。

而这正是《科学家与媒体打交道指南》一书的来由。这本书是为你们而写的——一线的科学家，这里包括社会科学家、自然科学家、专业医生以及工程师，还有就职于学术界、私营部门、非营利机构以及政府之中的人。我们希望其他人（包括新闻专业和科学专业的学生、形形色色的学者、公共信息官以及记者）也能发现这本书的有用之处。我们对全美国的数百位科学家进行了调查，以便揭示在和媒体打交道时什么有用、什么没用。我们还对几十个科学家和数十位记者进行了深入访谈。我们无法在书中纳入他们与我们分享的所有故事，所以我们尽力凸显那些抑或代表他人经验的，抑或最能说明一个重要问题的故事。正是这些人的个人经验和忠告——除本书的作者科学媒体关系专家理查德·海斯和科学记者丹尼尔·格罗斯曼的经验和建议——影响了本书的内容。

我们的主要目标是为科学家提供做出最佳媒体决策所需的工具和信息——这种决策不仅会增加媒体对科学家的工作或观点进行报道的可能

性，而且会增加这种报道在事实方面和情境方面更加精确的机会。我们这里提供的建议是专为科学家和记者所面临的需求和困境所定制的。比如，我们发现与记者进行有效交流的某些最常见的障碍源于科学家对记者如何开展工作的误解。媒体由非常不同的行业组成——报纸、杂志、电视、广播和互联网等——每一个都有自己的特异性。通过更好地理解新闻报道是如何产生的以及更好地理解收集消息所面临的压力，科学家会更有可能以记者所需要的方式讲清楚他们的观点。

有效的传播增加了讲好科学故事的概率，同时也能让科学家成为非常苦恼的记者的珍贵信源，他们以后也想拜访科学家。在第三章，通过解释记者如何处理科学议题以及因为他们机构内和机构外的各种压力而使得他们的工作如何比以前变得更加困难，我们向科学家伸出了援助之手。

我们提供的建议可能会要求科学家在与媒体打交道方面采取与以前不同的做法（如果与记者打过交道的话）。但是我们要说明的是：我们不是在建议科学家把自己变成他们不想成为的人。为科学家的工作和一般意义上的科学获得更多更好报道的任务并不意味着把科学家改造成那些在媒体上最具有统治力的形象：政客、名人以及运动员。虽然经常存在着把科学家归并为一个同质性群体的不讨人喜欢的刻板印象，但是我们意识到了他们是一个多元的群体。有些科学家很开朗且善于交际，还有些很内向，也不情愿成为公开演说家。其余的人则处于这两个极端的中间某处。无论科学家是否愿意与非科学家讨论其工作，我们提出的建议的前提是，使科学家成为一个科学家的基本原则：理智上的诚实、直率和严谨。

为了有效地进行传播，科学家必须以媒体能使用以及公众能理解的方式来呈现其研究。在第四章，我们解释了科学家必须把他们的信息归结为几个要点，以便记者不会犯错。他们可以对这些信息进行适当的简化，但是却不能过于简单化，第四章向科学家阐明了如何通过把主题和谈话要点变成原声摘要的方式来实现这个目标。

在第五章，我们解释了如何掌控采访并且"胜券在握"。我们的某些建议适用于所有媒体。在其他情况下，我们依次讨论了仅仅适用于每一个主要媒体的技术，包括广播、电视和纸媒体。我们提供了来自记者、公共关系专家以及其他科学家的建议，我们用案例阐明了科学家的观点，我们还强调了常见的错误。谈到具体的实质问题时，我们还给科学家提供了实用的时尚建议，以便你会知道在接受电视采访时该穿什么。

年轻人知道在约会之前必须学会如何调情。出于同样的原因，在与记者交流之前，科学家必须知道如何获得他们的关注。在第六章，我们向科学家展示了如何成为记者信任的渠道，并且在第七章我们介绍了让媒体对科学家和科学家的工作感兴趣的工具，以及如何有效地利用这些工具。我们解释了如何撰写新闻稿，如何建构一篇有希望出现在报纸上的评论，为何写给编辑的一篇精良的信件可能比你想的更有影响力，以及让你的研究和观点通过媒体传播给公众的其他几种方式。

最后，在第八章，我们讨论了在媒体上成为一个更坦率的人的优缺点，特别是在与广大公众的关切相关的事情上，比如美国的政府政策。如今，在美国出任非官方公共科学顾问或评论员就广泛的技术话题在引人注目的听证会和全国新闻中发表看法的科学家数量的确很少。已故的卡尔·萨根是美国一代人心目中最知名的科学家之一，爱穿着高领衫的他是天文学和太空探索的大使。他不仅对天文学以及地外文明探索进行着科普，而且成为科学本身的倡导者。科学共同体里的很多人对他在媒体上的业余活动眉头紧皱，但是萨根通过邀请更多的科学家与他一起开展科普对此进行了回应："如果这是科学的工作方式的话，只有一小部分高显示度的科学家并不好，但是这总好过没有高显示度的科学家。"我们强调了一些今天仍在一线的具有高显示度的科学家的故事，既展示了他们面临的困境，也展示了他们取得的成就。

不过，我们在第一章首先要考虑的是为什么科学家要与媒体打交道。

目 录
CONTENTS

科学家与媒体打交道指南

7 选择正确的传播工具

8 作为名人和活跃分子的科学家

1

我们需要谈谈

让我们用几分钟时间来感受一下性别刻板印象，并且想象一下一对夫妇试图挽救他们陷入危机的婚姻。夫妻双方独处在一个房间里，正在一遍又一遍地温习着每次他们的关系出现问题时同样苦涩的境况。

丈夫："你简直不可理喻。"

妻子："我努力了，但是你似乎并不理解我。"

丈夫："如果你用大白话跟我说就好了。"

妻子："你只是想让我过度简化。"

现在，在你脑海里把"丈夫"替换成记者，"妻子"替换成科学家。已故的科学家和小说家 C.P. 斯诺在 1959 年发表的演说《两种文化和科学革命》中，具体化了接受过科学训练的人与接受过文学训练的人说着不同语言这一观点。人们无休止地辩论着斯诺关于一种智力断层把科学家和人文主义者分割开了的这种引起争论的论点。即使这是真的，也不太可能适用于这种假设的文化中的每一个人（斯诺自己的简历证明了这一点），但是也有足够的支持性证据——有些来自扎实的研究——使得斯诺的论点值得我们思考。从中获得的洞见有助于我们改善科学文化和新闻文化之间有时候有些疏远的关系，如果二者不是截然不同的话。

简单的误解

时任《新英格兰医学期刊》编委的泰莉·莎施拉德尔博士于 2003 年对医生进行了调查，受访者对新闻中医学信息的质量颇有微词。在受访的 408 位医生中，有 80% 的医生认为健康报道比"公平"强不了多少，甚至更多的人认为健康新闻"误导了患者或者让患者感到混乱，或者扰乱了他们的决定"。忧思科学家联盟在 2004 年以邮件的形式对科学家进行了调查，90% 的受访者认为在报道科学方面媒体做得不尽如人意。超过一半的受访者汇报说在与媒体交流方面存在困难，或者有过令人失望的经历。

上述研究发现回应了范德堡大学（Vanderbilt University）第一修正案中心（First Amendment Center）在 1997 年就科学家和记者之间的关系所开展的研究的结果。在名为《天壤之别》（*Worlds Apart*）的报告中，两位作者，吉姆·哈兹（一位资深的科学记者）和瑞克·夏贝尔（美国国家航空航天局的科学家），对这两种职业之间的张力感到恼火。根据这项研究所开展的一个民意调查结果显示，作者们认为从某种程度上来说，在传播上"不说人话的科学家和不谈科学的记者"之间存在着"鸿沟"。

比如，在这项研究中，85% 的受访记者认为科学家只是"稍微"或者"根本不"易于接近。62% 的受访记者对科学家"过于聪明且沉浸于他们自己的术语中以至于他们不能与记者或者公众进行沟通交流"这种措辞强硬的陈述表示认同。在这个鸿沟的另一边，超过 90% 的受访科学家表示新闻媒体中几乎没有人能理解科学和技术的本质。66% 的受访科学家认为媒体的大多数成员不知道如何阐释科学结果，还有 69% 的受访科学家认为大多数记者都不理解科学方法。哈兹和夏贝尔甚至发出警告说，那些创造科学的人和那些向公众解释科学的人之间存在的分歧"威胁到了美国的未来"。

哈兹和夏贝尔的研究结果与维康基金会（Wellcome Trust）在英国对科学家开展的一项调查结果类似，该基金会是医学研究领域最大的慈善基金赞助者。通过对大学和公共研究机构中随机选择的 1652 名科学家进行面对面访谈后，该研究发现只有 6% 的科学家相信那些在国内报纸中就职的记者可以"对科学事实提供精确信息"。这个比例在电视新闻方面稍高一些，达到 11%。

有些科学传播研究者认为哈兹和夏贝尔过分扩大了科学家和记者之间的张力。首先，他们报告中 77% 的受访"记者"实际上是执行编辑，而不是在实验室里与科学家面对面交流的且有更积极看法的记者。曾经是科学记者的新闻学教授莎朗·邓伍迪认为哈兹和夏贝尔也忽视了科学家和记者之间的关系是否正在发生变化。自 1978 年以来，邓伍迪就一直在研究二者之间的互动，并且发现和她自己开展研究的时候相比，科学家对当今媒体更加通晓，且更加宽容。她说："他们十分熟谙这些过程。"在 1986 年获得了生物学博士学位的李·弗雷利赫说当他还是一个研究生的时候，出现在媒体上被认为是"不得体的"，但是这正在发生变化。美国科学作家协会（National Association of Science Writers）主席兼威斯康星大学麦迪逊分校（University of Wisconsin–Madison）的新闻学教授黛博拉·布鲁姆对上述看法也表示认同。"我们还处于那个曾经有'天壤之别'的世界吗？"布鲁姆答道："不是的。"

尽管在《天壤之别》中存在着方法论上的错误和夸大之处，但是布鲁姆、邓伍迪和很多其他研究人员都认同存在着一种阻碍科学报道质量以及欺骗公众对科学的理解（和支持）的"文化冲突"。相互猜疑和谨慎妨碍了科学家和记者之间形成更好且相互信任的关系。因而，这种"婚姻"也许有些紧张，但是离婚并不可取。美国公众需要依靠科学家和记者的共同努力来了解科学上的新发现，以及强化旧的科学知识。

就像婚姻顾问可能会对陷入困境的夫妇双方谈论的那样，解决这个问题在一定程度上要靠双方理解，以及接受彼此的差异。比如，能够考虑到记者要在截止日期之前产出新闻以及要在几小时或者至多几天里尽快了解晦涩难懂的话题所面临的挑战的科学家可能会更同情记者的困境。同样地，能够考虑到科学家对数值精度的重视程度以及专业词汇的精确含义（以及与任何的不精确使用相关的职业风险）的记者会更加理解坚持使用专业术语的采访对象。

有一些奖学金旨在降低这两种职业之间的误解。比如，设立于麻省理工学院（Massachusetts Institute of Technology，MIT）的奈特科学新闻奖学金（Knight Science Journalism Fellowship）项目为处于"职业中期"的记者提供了为期一学年的研修课程，以让他们学习科学写作的技巧，到实验室进行实地考察，在没有截稿日期的压力下与科学家交往，以及参加介绍性的和高阶的科学课程。设立于科罗拉多大学博尔德分校（University of Colorado at Boulder）的环境新闻特德斯克里普斯奖学金（Ted Scripps Fellowships in Environmental Journalism）是这类项目中的另外一个。

黛博拉·布鲁姆认为这个问题不在于记者不能理解科学的惯例，而在于科学家对记者会是什么样子一无所知。布鲁姆在《萨克拉门托蜜蜂报》（*Sacramento Bee*）担任了近20年的科学作者（她在那里获得了普利策奖），她说她和同事们虽然经常造访研究办公室和实验室，但是很少在新闻编辑室里见到一个科学家。"如果把我花在他们身上的时间与他们在我这里所用的时间相比的话，那真是破纪录了。"她说道。没有人说科学家和记者应该在彼此工作的地方花费同样的时间。然而，这却存在着明显的不均衡。美国科学促进会（American Association for the Advancement of Science，AAAS）在恢复平衡方面做出了些许尝试。自 1975 年以来，美国科学促进会就为科学和工程专业的研究生以及博士后研究人员提供夏季奖学金，以让他们在主流媒体机构实习，包括全国公共广播电台（National Public Radio），《洛杉矶时报》（Los Angeles Times）以及《科学美国人》（Scientific American）。斯坦福大学的奥尔多利奥波德领导力项目（Aldo Leopold Leadership Program）每年为多达 20 位科学家提供为期两周的媒体培训。除其他科学协会外，美国科学促进会与美国地球物理联合会（American Geophysical Union）会给其会员颁发年度贡献奖，以鼓励那些在公众科学意识以及对政策的启示方面做出贡献的人。

英国的科研机构还积极地努力帮科学家理解媒体以及改善他们的传播技能。前面提及的维康基金会的研究表明英国科学家认为公众对科学家的认知相对较差，这毫无疑问是英国科学家认为他们需要改善与媒体关系的一个原因。该研究发现 44% 的受访科学家认为他们自己要"对此负责"，而只有 9% 的受访科学家认为公众觉得科学家应该对此负责——这之间存在着 35% 的"认知差距"。认为自己具有职业忠诚的科学家的数量与他们认为公众如何看待科学家的职业忠诚之间也存在这类似的差异，这一比例达到 35%。

英国科学促进协会（British Association for the Advancement of Science）正努力帮助科学家进行更好的传播。它每年举办几场竞赛活动，以奖励那些在传播科学方面有突出贡献的研究人员，包括给由年轻科学家撰写的最佳科学文章颁奖，以及邀请被认为"在向普通公众传播他们的研究方面异常出色的"5 位年轻科学家进行一系列的具有高显示度的报告。

自 1987 年开始，该协会每年还向 10 名左右的科学家提供短期的新闻奖学金，以让他们在英国的媒体机构中开展实践。2004 年，该协会对过去的学员开展了一项调查，以考察这个项目是否改善了这两种冲突的文化之间的关系。在 70 名受访者（占到过去学员的一半）中，只有 30% 的学员在参加项目之前就对科学记者有"总体上较积极"的认知（其余的则持"大体上消极"或"中立"的态度）。在完成这个项目之后，77% 的受访者有了更高的看法（在一开始就有积极看法的学员的大多数自始至终都没有改变过看法）。作为这项评估一部分的焦点小组访谈表明，至少某些对科学记者的反面意见来源于科学家同事的二手意见，而非他们真正的经验。3/4 的受访者通过做报告、起草书面建议或者其他途径把他们习得的技能和经验传播给了他们的同事。该研究结果表明试图弥合这一分歧的项目具有广阔的前景。他们还证实了沙朗·邓伍迪的研究，她发现与记者具有更多接触的科学家对记者和新闻会有更积极的看法。

安德鲁·达灵顿是纽卡斯尔大学（University of Newcastle Upon Tyne）的大脑科学家，同时也是 1994 年英国科学协会媒体奖学金得主，他的经历阐明了这种方法的有效性。达灵顿获得了在《伦敦金融时报》（*Financial Times of London*）做科学报道的夏季奖学金，他与该报纸的这次合作十分富有成效，在接下来的五年里他于该报纸开设了科学专栏，并且成了备受尊敬的记者。达灵顿的第一项任务是采访一个科学家，科学家的秘书告诉他说如果达灵顿能提交一个书面请求的话，该研究人员在随后的三周里可能会腾出时间（接受采访）。"我只想要 5 分钟时间。"达灵顿说道，不过他仍然面带微笑。鉴于版面和时间的限制，他说他觉得记者通常都干得不错。达灵顿反问那些在记者的写作技巧方面挑毛病的科学家："如果你必须用十个字来解释你的研究，那么你能比记者说得更正确吗？"

1.2 刻板印象背后的真相

不幸的是，像英国和美国这样的媒体奖学金项目每年只能帮助少部分科学家。科学家和记者之间的紧张关系通常不只是简单的误解的产物。有证据表明有些科学记者确实孤陋寡闻，消息不灵通，而且有些科学家不说术语确实有困难。比如，《天壤之别》表明大多数记者认为他们的同事通常会忽视科学方法是如何起作用的。由于同样的原因，该报告还显示超过70%的科学家都认同他们在用"大白话"进行交流方面存在困难，这是他们的职业使然。

有些传播研究者试图去了解记者到底有多好（或多坏）。1974年，得克萨斯大学奥斯汀分校（University of Texas at Austin）的新闻学教授詹姆斯·坦卡德以及天普大学（Temple University）的教授麦克尔·莱恩对科学报道的精确性发表了一篇开创性的研究报告。坦卡德和莱恩把报道了科学研究的报纸文章复印件提供给开展了这些报道中提到的研究的科学家来阅读。通过利用一个各种类型错误的清单，科学家梳理了这些文章的错误。新闻研究人员发现只有8.8%的文章没有错误，这个数字大大低于以前对一般新闻报道所开展的研究提出的精度范围（40%~59%）。随后的研究汇报了科学报道中的较低错误率，并且提出了一些问题，即让科学家来判断总结了他们工作的大众文章的精确性有什么意义。后续对科学报道精确性的研究还表明科学家发现的某些"错误"实际上并不是错误的事实，而是认为这种报道不足以代表整个研究结果（比如，对研究方法或者重要的条件缺乏解释）。

　　沙朗·邓伍迪认为这个有关精确性的研究过分地专注于她所谓的"技术精确性"，比如新闻报道是否提到了作者、正确地引用了数字等。她倾向于把焦点放在她称为"传播的精确性"上，这是一种用来衡量一则新闻报道的普通读者（与专家相对）能否理解被报道的科学研究的主旨的方法。她认为虽然在这个话题方面还没有太多的研究，但是根据传播的精确性这个标准来判断的话，有一些证据表明大多数新闻报道都是精确的。尽管如此，她勉强承认"新闻充满了大大小小的错误"（她对从自己的新闻学学生的作业中清除这些错误是"十分狂热"的）。

　　科学报道方面存在错误和其他不足的一个原因可能是记者们接受的培训并不充分。医学兼健康作家黛博拉·尤立基把部分责任归咎于新闻部门没有为学生提供精确地解读和阐释科学研究所需的培训。作为肯特州立大学（Kent State University）的一个新闻学研究生，她对79名主修新闻学和辅修新闻学的学生进行了研究，以考查他们就"普通公众感兴趣的""引人关注"的话题把科研论文归纳成科普文章的能力。尤立基让在俄亥俄州的三所大学里接受记者培训的每个人都写一篇适合高中毕业生阅读的文章，然后由科学家评审组对这些文章进行打分。毫无疑问的是，上了更多写作课的学生写出的文章较好。然而，评审组还发现这些学生写出的所有文章都充满了错误，这与他们对科学的兴趣如何、他们在大学里学习的年头，以及其他任何被考虑的因素无关。评审组尖刻的评论对美国未来的记者描绘了一幅令人悲伤的画像："一塌糊涂"；"糟糕透顶，时而令人费解，时而过于简单化"；"对文章的措辞进行了再创作，但是完全不理解文章"。

　　在科学和数学教育方面撰写了多部图书的席拉·托比亚斯认为大学教育几乎把所有最有前途的青年科学家从本科科学课堂里"淘汰出去了"，因而留下的学生几乎没有接触过科学或对科学几乎没有兴趣。结果，她认为完成了大学课程的大量文科毕业生对科学产生了三种看法：

"首先，他们并不擅长科学。其次，他们并不喜欢科学。最后（出于保护自己的自尊心），科学和他们的未来没关系。"

擅长于科学的记者比大多数普通记者对科学有更多的兴趣，也接受过科学训练。仅仅是因为他们长时间积累的经验让他们能够做好科学报道。然而，报纸中的科学记者数量在下降，并且大多数科学新闻都是由新闻通才（而非专才）所撰写的，他们通常没有时间来深入了解任何一个科学分支的专业知识。广播新闻中的情况更糟，它甚至几乎没有科学记者。显然，改善科学与新闻的关系需要的不仅是双方彼此更好的理解。对科学进行报道的记者需要更好的培训（如何获得这种培训的建议备注在本书附录部分的资源版块）。对科学家一方来说，他们必须改善自己向没有技术背景的人解释其研究的能力。第四章将帮助科学家不以高人一等的姿态或者过于简化的方式来传播他们的信息。如果你已经有了这些技能的加持，你可能还需要频繁地使用这些技能。

1.3 培养一种健康关系的益处

作为一个科学家，可能有很多原因让你想同媒体交流。跟所有人一样，你可能也有一系列动机。也许你想在科学新闻的数量和质量方面有所作为；也许你想推动自己的职业发展，或有责任让科学更易接近；也许你对大学新闻办公室发布的被忽视的新闻通稿感到不满；也许你想更多地参与进来以让你自己的研究被描述得更精确；也许你想分享你的一般性的科学训练和专业知识，而非从具体的研究项目中获得的知识，以便帮助公众理解重要的政策议题。或者可能你想跟鸟类学家比尔·埃文斯一样，他连续 17 年暗中观察候鸟的休息站，进而记录了难以捉摸的夜间鸣叫的音频资料。当完成这项工作之后，埃文斯想与全世界分享这一成果。他建立了自己的网站并且邀请一个记者（格罗斯曼）参加了一次野外考察。对于一些人来说，他们唯一需要的动机就是与别人分享自己对工作的热爱以及发现之旅的欲望。

不管你的动机是什么，轶事和已经发表出来的研究成果都表明对你的研究进行宣传会带来很多实实在在的好处（虽然这些好处并不总是能被预见到）。

公众健康

《新英格兰医学期刊》在 1991 年开展的研究表明媒体在医学研究人员对重要科学进展的熟悉程度上有一些影响。该研究的作者发现被《纽约时报》所报道的期刊论文更有可能被后来的医学文献所引用。其他研究发现媒体对药物试验的结果的报道会影响公众，并极大地改变他们对疗法的选择。《内科学年鉴》(Annals of Internal Medicine) 2004 年发表的一篇文章发现：媒体对质疑荷尔蒙替代疗法益处的研究的广泛报道与随后接受这种疗法的女性的数量在接下来几个月出现了 30% 的下降之间存在着关联（作者说这个变化过于突然，以至于它不可能源于在该年鉴中读过这一研究成果的医生的建议）。

在 2005 年早些时候，麻省理工学院临床研究中心（Clinical Research Center）的主任理查德·威特曼教授打电话给学院的新闻办公室说他正准备在《睡眠医学评论》(Sleep Medicine Reviews) 上发表一篇论文。威特曼研究了食品和药物如何影响大脑，他对以前发表的十七篇研究论文进行"元分析"后发表的这篇新论文证实了荷尔蒙褪黑激素对患失眠症的人会有所帮助。这一研究表明非常小剂量的褪黑素就可以让人们更快速地睡着，并且在夜里醒来后会更迅速地返回梦乡，这是很多老人都存在的问题。麻省理工学院新闻办公室的助理主任伊丽莎白·汤姆森认为这一研究很重要，因为先前的研究对褪黑素的功效提出过质疑。但是这些先前的研究涉及更大剂量的褪黑素，因而使得大脑中的受体对荷尔蒙反应迟钝，并且让人们容易受到与高剂量褪黑素相关的可能的副作用的影响。汤姆森说："威特曼教授强烈地感受到褪黑素染上了恶名。很多人都能从中获益。"

在实验室同威特曼会面后，汤姆森和她的员工为这项研究策划了一场宣传活动。起初，她们尝试着为两个报纸提供"独家新闻"，不过这两家报纸都没有采纳。所以她们切换到了 B 计划，向全球的 450 位记者发布了新闻通稿。在发布通稿后立即进行的采访中，汤姆森说《华盛顿邮报》（*Washington Post*）和《科学美国人》（*Scientific American*）都对这一项研究进行了报道。她说："我欣喜若狂。"

为什么要这么麻烦呢？汤姆森说数百万睡眠不足的人都会在使用褪黑素方面受益，但是如果威特曼的研究成果发表在一份鲜为人知的期刊上而非其他地方的话，那么这些患者或者他们的医生可能都没听说过威特曼的研究。她煞有介事地问道："有多少人会去看《睡眠医学评论》呢？"汤姆森补充说大学也可以从宣传威特曼和其他教职员工的成就方面获得益处。每当麻省理工学院出现在媒体上的时候，招募一流的员工以及富有才华且"全面发展的"学生就会容易多了，她解释道。汤姆森说："你在新闻中对很酷的研究了解得越多，该机构获得的益处也就越多。"汤姆森承认，自从威特曼和麻省理工学院共同为低剂量褪黑素的制备方法申请专利之后，威特曼和麻省理工学院从威特曼科研成果的宣传方面获得了经济上的收益。公共宣传的另外一个经济益处在于："这会让投资方很高兴，也有助于获得更多的资金。"汤姆森说道。

经费

对科学家的工作进行宣传是麻省理工学院严肃地对待的一项工作。在修葺一新的新闻办公室里，伊丽莎白·汤姆森监管着一个十几个人组成的团队，该团队致力于提升大学及其研究人员的形象。当一位麻省理工学院的教授获得了诺贝尔奖时，汤姆森授权一个人到现场并且优先处理媒体来电。当一个报纸或者一档电视节目想给大学做一个专题时，她就会安排采访。而当一个科学家做出了新的发现或者发表了一篇有意思的新论文时，她会把新闻通稿发给记者库中的数千名记者。

实际上，麻省理工学院的新闻办公室每天都会发布多达十几份的新闻通稿，对各种事情进行宣传，从天体物理学的突破（"时空波绕黑洞运转"）到实用性的发现（"塑料有助于监测污染物"）以及校园中的滑稽场面（"正在决斗的院长于学生活动期间测试他们的烹饪技术"）。对于最适合上镜的报道，该办公室还会花几千美元来为电视制片人制作录像带。

这种运作规模可能不能代表大多数美国高校的情况，毕竟麻省理工学院是全球最优秀的科学和工程大学之一（格罗斯曼恰巧毕业于麻省理工学院，虽然他力求在对大学及其员工的报道方面保持公正）。然而，在自我宣传的欲望方面，麻省理工学院与美国数百个其他高等研究院所并无二致。在这些院所投入的研发资金方面，大约有2/3来源于联邦经费和州政府经费。难怪位于华盛顿特区的美国地球物理联合会的公共信息官哈维·莱费特说，科学家"不仅有责任告诉科学共同体他们在做什么以及这些工作的重要性，而且对广大公众也有这种责任"。

联邦政府在研发方面每年的投入大约有1180亿美元，其中大约190亿美元分配给了科研机构。州政府和当地政府、企业和其他渠道的投入大约有130多亿美元。所以，对于学院科学家来说，让公众知道所有这些金钱都用在了什么地方不仅是一种好的形式，而且也是好的政治。因为州长、国会、选民和其他人每年都要重新思考如何分配经费，所以优先事项每年也会发生变化。此外，联邦政府、州政府和当地政府的立法者和行政管理人员也会考虑可能影响日常科学研究的新法律和规则。从税收政策到有害废弃物的法律再到监管干细胞研究的规章，这桩桩件件的事情都对科学共同体具有严重的影响。科学家需要经常记得提醒这些人为什么科学研究很重要。

资助机构也通常希望研究人员对其研究成果进行宣传。比如，美国国家科学基金会不仅要求被资助者做好科研，而且还督促他们与公众分享其研究成果。该机构要求评审资助申请的专家要考虑每一项申请的"更广泛影响"。除其他标准之外，还要求评审专家对一些影响进行评估，比如该研究结果是否会"进行广泛的传播以提升对科学和技术的理解"？因而，当要对一项申请进行更新时，该机构基本上会认为它们会看好那些其被媒体报道过的研究人员。

职业发展

明尼苏达大学林业资源系（Department of Forest Resources at the University of Minnesota）的研究人员李·弗雷利赫坦言，虽然他们没有以是否具有媒体报道潜力为基础来选择研究主题，但是当有了研究结果时，在获取媒体关注方面还是有一些"利己的私心的"。他认为自己多次见诸电视、报纸和杂志让他在学校管理层的眼里有了更高的声望。因而在与主要捐助者安排会面以及确保有新的办公空间方面，他的这种高知名度使他可以获得来自高层的帮助。他承认他的科研并不必然会好过那些没有在新闻中曝光的默默无闻的同事，但是"这就是世界运转的方式"。微生物学家杰德·福尔曼补充说，当有关某个科学家的实验室的文章获得了很好的宣传时，这个科学家在资助机构那里的声誉就会增加，虽然这很少得到公开的承认。他说道："我在美国国家科学基金会的资助者很看重那些把研究成果写到了《纽约时报》上的人。"

不管你的动机是什么，让你的观点和工作得到较好媒体报道的关键是知道如何吸引媒体关注，然后一旦你得到了媒体关注，你就要进行有效的传播。我们在第四章、第五章、第六章和第七章会讨论如何实现这些目标和任务，我们也会对在同媒体建立关系方面可能遇到的陷阱提出一些警告。在第三章，我们会解释科学家和记者之间的一些本质上的相似性和差异。

2

做最好的打算、最坏的准备

你是否做过这样的噩梦：你正在高速公路上减挡降速，突然前方没有路了，你撞上了悬崖，而身下则是在礁石上乱溅的水花？对于一些研究人员来说，这种开端就像是他们接到了一个电话，"我想采访你"。原子物理学家兼分子物理学家尼尔·莱恩说："这是有风险的。"他是美国国家科学基金会的前任主任，并且鼓励科学家要以更积极的态度面对媒体。

当科学家被媒体搞错、被误引、断章取义、被耸人听闻地报道乃至被嘲笑时，他们会受到伤害——这也是我们希望帮科学家避免的问题。H. 约翰·海因茨三世科学、经济和环境中心（H. John Heinz III Center for Science, Economics and Environment）主席兼世界银行前首席生物多样性顾问汤姆·洛夫乔伊认为，尽管存在这些风险，但是你必须要把自己的研究成果在科学共同体之外进行宣传。"我们是社会成员，并有幸知道和理解了作为社会重要支撑的这个复杂且高度精密的主题，"他解释道："每个科学家都有责任向公众进行传播。"

在接受这种责任方面，我们建议，在接近媒体时，要记住这句古老的告诫："做最好的打算、最坏的准备。"在这一章里，我们会看一下什么会是最坏的场景，在后面的章节会帮助你同记者进行有效且没有麻烦的沟通。

2.1

天快塌下来了

　　科学家用语精确、很克制、不情绪化，并且也缺乏幽默感。这就是有关他们的刻板印象。科学家也是穿着实验室大褂、戴着角质镜架眼镜以及（至少在电影里）用防水塑料袋的典型角色。当然，这些广为人知的形象至多只是一种夸张。但是对所有科学家而言，有一个确定的事情就是他们不把任何事情作为真理，除非它们得到了事实的验证。这可能解释了科学家比较普遍地责备新闻的原因。在大多数情境下，"哗众取宠"只是一种恭维和赞美。但是当一个科学家用这个词来描述有关他的研究的报道时，他可能会感到恶心而非愉悦。也许只有标题可称得上是哗众取宠，情况常常如此。或者整篇文章可能充斥着华丽的辞藻和夸张。无论是哪种方式，这都可能会冒犯你因职业的原因而对精确性的坚持。然而，你可能想跟李·汉纳一样，冷静地看待一些扭曲的报道。

　　李·汉纳是生物多样性倡导团体国际保育组织（Conservation International）的一名科学家。他与夸大其研究成果的"标题党"和报道发生过异常激烈的争执。他和十几个共同作者公开地对他们在《自然》上发表的文章的后续全球性不精确报道进行了指责。这篇题为《气候变化导致的灭绝风险》（*Extinction Risk from Climate Change*）的论文首次发表于 2004 年 1 月初。该文章认为由于气候变化导致的栖息地丧失，预计到 2050 年全球物种的 18%~35% 将"遭受灭绝的（committed to）风险"。

在接下来的几天和几周时间里，全球很多主流报纸和广播就这个研究产生了大量的报道，包括全美公共广播电台、《纽约时报》《华盛顿邮报》《洛杉矶时报》和《圣何塞信使报》（*San Jose Mercury News*）。很多报道的标题严重地误报了该论文的结论；一个典型的案例就是《旧金山纪事报》（*San Francisco Chronicle*），其标题是"极其严重的全球变暖为地球物种发出了警告：研究表明，随着地球温度的升高，到2050年25%的物种会消失"。原始论文实际上并没有说任一个物种到2050年会灭绝。该研究团队发表的论文和发布的新闻稿说该研究估计了2050年之前因累积的全球变暖可能会灭亡的物种数量，而不是到那时会有多少物种灭绝。该论文警告说，"气候变化和物种灭绝水平之间的时延信息目前尚不可用，但是（栖息地丧失导致的）面积减少和灭绝之间的跨度大概是几十年"。然而，大量的报纸标题错误地报道说研究人员预计了到2050年会出现大规模灭绝。

在《自然》上随后发表的一篇辱骂性函件中，牛津大学地理与环境学院（School of Geography & the Environment）的理查德·J.莱德及其几位同事对这篇有关物种灭绝的论文出现在"耸人听闻的"新闻报道中的"有害的简化"进行了描述。该通信的作者们在英国发表的29份报纸文章中发现了错误，因而他们得出结论说媒体报道是"极不精确的"。英国团队谴责对原作者的误解。

在给《自然》编辑提交的另外一篇通信中，李·汉纳同这篇论文的合作者之一以及时任国际保育组织公共事务官员的布莱德·菲利普对莱德的指责进行了有力地回击。他们提出了质疑：《自然》是否应该回避对这个研究进行的宣传，就像牛津团队的通信所建议的那样。他们写道："我们不这么认为。"虽然他们也谴责这些不精确性，但是汉纳和菲利普认为这种错误是宣传中不可避免的风险。总而言之，他们写道："突破了通常被有关战争、恐怖或最近的名人恶作剧的新闻所主导的美国新闻环境也是一种胜利。"

　　也有可能是，报道物种灭绝所带来的好处超过了媒体错误所带来的伤害；当然这就见仁见智了。另外，也有可能这种误传起初是可以被避免的（或至少能最小化）。毕竟，"到 2050 年"与"2050 年后的几年或数十年"之间的差异至少在某些记者看来似乎并不是一个不重要的细节。同样地，在"committed"这个词的使用上可能没有考虑它会带有关键的区别。作者们试图澄清他们研究的局限性［包含在下面的这句话中，"气候变化和物种灭绝水平之间的时延信息目前尚不可用，但是（栖息地丧失导致的）面积减少和灭绝之间的跨度大概是几十年"］——但是没有想象的那么直接。

　　显然，科学家忘了谁才是他们最终的受众——不是其他科学家，甚至不是受过教育的记者，而是没有任何科学背景的记者以及公众。正如我们会在本书后面要讨论的那样，当你知道了该如何通过媒体与公众交流时，有关你的研究的媒体报道也会变得更精确，像上述情况的例子将有更大的可能性灭绝（此处呼应物种灭绝与气候变化的论文和报道）。

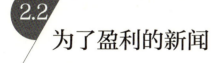

2.2 为了盈利的新闻

　　百忧解（Prozac）会产生癌症吗？如果你阅读过以"科学家发现百忧解与大脑肿瘤有'关联'"为标题的文章的话，你可能会这么认为，这篇文章于 2002 年 3 月 26 日刊登于《独立报》（*Independent*）头版，它是英国最大的日报之一。该报纸非常严肃地对待科学相关的报道，其特色就是每周的健康和科学版，以及每天的几则环境报道。然而，它的一则不精确的报道在读者中引发了毫无必要的恐慌和担忧。对这个研究负责的科学家本来有可能阻止这个错误的发生。

百忧解的报道肯定向很多人发出了警报，包括那些最有可能成为该报读者的服用百忧解以及相关的抗抑郁药物的人。该报道开头是这样说的："科学家发现全球数百万人服用的抗抑郁药物百忧解可能会通过抑制身体杀死癌细胞的本能来刺激大脑肿瘤的生长。"

肿瘤研究的首席研究员约翰·戈登博士想宣传他的研究成果，但是他从来没想过这个报道会让所有人感到担忧。伯明翰大学（Birmingham University）的免疫学家正在把百忧解和其他抗抑郁药物作为研究天然荷尔蒙血清素的效果的工具。他以前的研究表明当把血清素在一个试管中混合的时候，来自淋巴瘤家族的癌症血细胞会出现错乱，并且红细胞会出现被称为细胞凋亡的自杀现象。戈登想了解这一作用背后的机制，以期发现新的癌症治疗方法。至于百忧解在他的研究中所扮演的角色，戈登利用了这种抗抑郁药物阻止血清素进入大脑细胞的能力。他和他的科学家团队认为，如果他们能利用百忧解阻止血清素进入他们试管中的淋巴癌细胞的话，他们就可以判断是否由荷尔蒙通过细胞内部的某种作用机制导致了细胞的自毁，而非细胞外层表面的东西。当百忧解确实阻止了血清素对淋巴癌细胞的作用时，研究人员获得了荷尔蒙的抗癌作用确实发生在细胞内部而非外层表面的证据。在探索更好的治疗癌症的方法方面这是一个很小但重要的进展。

在该研究结果于《血液》（Blood）期刊发表后不久，戈登接到了《独立报》科学编辑兼首席记者史蒂夫·康纳的电话。他是一个有事业心且经验丰富的记者，在过去20多年的职业生涯中，他写了数千篇科学报道。一个药理学家把《血液》上发表的这篇论文告诉了康纳，并建议可以从百忧解可能会致癌的角度撰写文章。当戈登回忆起这次采访的时候，在问了几个常规问题之后，康纳向他抛出了一个出乎意料的问题：如果百忧解在试管中阻止了血清素破坏淋巴癌细胞，那么它在使用这个药物治疗抑郁症的患者的正常脑细胞中是否会引发癌症？戈登说在回答这个问题之前他稍加思索了一会儿："一切皆有可能。"然而，他补充说让试管中的淋巴癌细胞这个概念跃迁到人体中的脑细胞是"冒险的行为"——这超出了证据的合理性之外。比如，百忧解对淋巴癌细胞的效果可能不同于对脑细胞的效果。或者和实验室仪器中受控的环境相比，这个药物在像大脑这样高度复杂的器官内的表现可能是非常不同的。

当第二天戈登看到康纳写的文章见报后，他担心数百万服用百忧解和相关药物治疗抑郁症的一些人可能会突然中断治疗，因而会有这种药物所治疗的抑郁症或其他精神健康问题复发的风险。就像科学家说的那样，没过多久"就惹祸上身了"。显然受到了《独立报》上的文章的刺激，百忧解可能会引发癌症的猜测就像增了压的病毒一样蔓延到全球的媒体上。戈登在接下来的 48 小时里连续不眠不休，不间断地接受来自欧洲、美国、澳大利亚和南非的采访，以"把损害降到最低限度"。两周之后，媒体的狂热才平息下去。

该免疫学家认为这个事件是水涨船高的（circulation-boosting，goosed-up）报道的一个典型案例。"它有一个很好的标题，但是这可能会给那些服用以及需要服用这个药物的人带来严重的问题。"戈登说。记者康纳并无悔改之意。在提到戈登和伯明翰大学新闻办公室的时候，他说这个尴尬的处境是"他们自己搞砸的"。康纳说在该文章见报的头一天早晨他给戈登打过电话，但是戈登让他咨询新闻办公室，于是他照做了。康纳尽其所能用这篇论文的副本来写报道，并等着大学的新闻办公室来安排采访。他说戈登直到晚上才打来电话，那时几乎已经是第二天即将见报的文章的截稿时间了。康纳说他可以把一些最后一刻完成的引述硬塞进这篇报道中，但如果要重新组织这篇报道的基本主旨的话，已经为时太晚了。

对于康纳来说，这个案例"是新闻办公室决定让自己的科学家封口时会发生什么事情的最好例证"。然而，康纳希望这篇文章有一个不同的标题和第一段。他说他已经竭尽所能的利用他所掌握的信息和时间了。他说道："新闻不是精确的科学。"

伯明翰大学的传播总监苏·普里莫承认在其团队准备做出回应之前，康纳就发现了约翰·戈登的研究成果。"他的时间不能驱动这个报道，"她说："驱动者应该是约翰的研究。"她对康纳因为这篇报道而"饱受抨击"感到遗憾，因为这篇报道"80% 都是正确的"，最大的错误是标题，这甚至不是他写的。这个耸人听闻的标题把可能是一个非常小的媒体事件变成了一个轰动全球的新闻，并且具有讽刺意味的是，普里莫说（从为伯明翰大学获得宣传的角度看），"这帮了我们一个大忙。"

科学家能从中得出什么结论呢？没有研究人员想有这样的宣传。首先，围绕着戈登的研究的喧嚣是很容易避免的。鉴于癌症研究的论文已经在《血液》期刊中发表了，戈登和他的新闻办公室应该有恰当的计划来及时地回应记者的电话。不应该错过记者采访戈登之前的整个工作日。其次，永远不要即兴拼凑，特别是在像康纳甩给戈登的那个问题一样具有挑衅性的问题上（无论问题是什么，给出"一切皆有可能"这样的答案是危险）。接下来的章节提供了更多的采访技术和策略，以确保你知道如何有效地回应记者的问题。

1997 年出现在爱丁堡大学（Edinburgh University）三名科学家身上的情况描述了一种不同的问题，也需要不同的解决方案。伊恩·迭尔瑞、玛莎·怀特曼和 F.G.R. 福克斯在《柳叶刀》（Lancet）上发表了一篇有关性格与心脏病之间关系的论文。该研究是以过去五年里采访的 1600 位男性和女性为基础的。他们的研究发现，"顺从的（submissive）"女性罹患心脏病的概率要低 31%。作者们从一开始就担心媒体可能会曲解或误解他们的研究，该研究中的有些要素是报纸——特别是爱耸人听闻的小报——无法抗拒的。特别是，这项研究处理的是与会引起猝死（心脏病）的某种可怕疾病相关的危险因素，并且可以认为这一研究给过时但仍然广为存在的性格刻板印象提供了证据。因此，研究人员小心翼翼地起草了新闻通稿，至少他们是这样认为的。最为重要的是，爱丁堡大学的这几位科学家想确定"顺从"这个关键的字眼可以被精确地理解。为了他们的研究目的，他们把具有较高顺从性的人界定为那些自愿认可他人在人际关系决策方面发挥带头作用的人。为稳妥起见，研究人员们用他们认为相对中性的词语"温顺（meek）"替代了他们认为的更激烈的"顺从"。

如果科学家团队意识到即使"温顺"这个词对公众来说也是一个极易被误解的词语的话，那么接下来在媒体上的溃败可能是可以避免的。相反，科学家们有些措手不及。当解除了他们研究成果的限时禁发政策之后，报道的标题以及某些报道的内容本身就充满了该研究根本没有证实的性格刻板印象。比如，《每日电讯报》（*Daily Telegraph*）的标题是："亲爱的，请放下擀面杖，那对你的心脏不好。"虽然科研论文本身只字未提基于性别的角色，但是很多报纸文章拐弯抹角地暗示说这项研究是对家庭中过时的分工原则进行的科学背书。在《柳叶刀》随后发表的事后检讨中，研究人员谈及了"看到对数年来从患者那里收集的数据被轻视、被曲解，以及被某些媒体用来支持一系列讨厌女性的态度"的痛苦。

这是一件遗憾的事情。如果研究人员更努力地为顺从这个词找到一个更恰当的替代词语的话，这些报道可能会更精确。这也是科学家应该在聚会上与非科学家或者在电话中与公正无私的亲友测试一下他们的用语的原因，我们会在本书的后面对此进行讨论。

于2002年发表于《自然》上的一篇有关媒体过失的社论，建议科学家不要屈服于因不完美的报道或大肆宣传的标题而产生的苦恼。相反，该社论建议科学家应该从政客的剧本中取经，政客们通常会被误解，然而他们知道对媒体予以还击或放弃宣传是会事与愿违的。"他们知道攻击记者是一种短视的策略，"该期刊说道，"相反，他们成了反驳不精确报道以及传播他们自己信息的专家。"这倒很有道理，我们在本书中提供了一些如何回应负面报道的小技巧。不过遵循我们在接下来的章节里提供的建议可以让你首先避免大部分此类问题。

2.3 值得引用的科学家

　　当研究人员踏入有时如炼狱一般的公众聚光灯下时，耸人听闻的标题和正文只是他们要面对的不幸的一种。另外一种不幸是被误引。这种不幸的后果的范围很广，从诙谐幽默到严肃认真。甚至是正确的引用也会在某些情况下让人很痛心。当有些科学家发现有时候他们花费了好几个小时辅导记者之后，他们的话或他们的想法却都没有出现在报道中，这时他们会倍感愤怒。让他们沮丧的是，其他人发现，为支持反常的理论，他们的研究结果或他们的话被扭曲了。

　　位于科罗拉多波尔德（Boulder）的国家大气研究中心（National Center for Atmospheric Research）的研究科学家苏姗妮·莫泽多次在各种媒体上被数十个记者就全球变暖的问题进行过采访。与媒体接触的大多数情况还算顺利，但是她时不时地也会遇到不如意的事。以 2001 年她同意接受一个记者的采访为例。这个记者正在就总统候选人乔治·W.布什将如何回应全球变暖撰写报道。这是她最近首次被分配撰写环境新闻的任务。"她毫无头绪。"莫泽说，她用了两个半小时来帮助这个记者快速地了解天气的短期波动与气候的长期趋势之间的差异，以及温室效应如何引发全球变暖的理论。当莫泽看到最终的报道时，她很愤怒。问题在于这篇文章有严重的事实错误。比如，它把天气和气候混为一谈。"就好像我们没有谈过一样。"莫泽说。让她真正愤怒的是文章中间的一小段文字，这段文字削弱了其他内容的效力。"一小部分科学家说（地球温度的）改变是周期性的，"该文章说到，"并且和人为的干预没有关系。"莫泽指出几乎每一个不在消费或提炼化石能源的公司名单上的合格科学家都认为人类是全球变暖的一个（如果不是唯一的）原因。她认为，用一两个怀疑论者的观点来削弱那些认为人类活动使得地球温度升高的科学家的共识会给公众带来危害，这会迫使人们去理解互相竞争的"专家"。她说："这是一个大问题。"

　　这些细节很重要。另外，科学家有时候会因为反应过激而内疚吗？在那个记者就总统候选人的预期政策撰写报道这个不愉快的经历过去了四年之后，莫泽说全球变暖的报道不再像她第一次遇到的那样烦恼了。在回想这段往事的时候，她现在把这个小事件称为"对细节以及对把事情做对非常关注的科学家在不精确的、不精细的且具有诱导性的'平衡性报道'方面存在问题的一个完美案例"。第一章提到的大脑科学家安德鲁·达灵顿进行了一次短暂的职业互换，从英国纽卡斯尔大学的一个学术岗位变成了《伦敦金融时报》的一个科学新闻职位，他认为科学家通常让媒体报道坚持一个标准，而为非专家撰写的文章无法——也不应该——满足这个标准。当然，每个人都认同当记者引用某个具体数字时，他应该用那个正确的，并且还要把人名拼写正确。不过话说回来，包括科研论文的研究设计在内的每个细节，以前研究的历史，以及来自其他研究人员（更不要说所有共同作者的完整名单了）的彻底批判对于像报纸这样的大众媒介来说甚至都不是一个可取的目标。记者们受到他们可用的版面和空间的限制（以广播新闻为例，这种限制就是时间），他们还要避免让受众感到厌烦或困惑。"如果有一篇报道是按照他们喜欢的方式撰写的，"达灵顿对批评媒体的某些科学家说到，"那么没有人会去读这个报道。"我们绝不希望这是为草率的做法开脱。从另外一方面来说，研究人员要保持一份像李·汉纳那样的分寸感。虽然对有关物种灭绝的不正确文章感到不悦，但是汉纳把这种错误视为让他的研究获得大量关注所付出的代价中一种不恰当的部分。

虽然记者们确实有时候会错误地引用或脱离情境地引用，但是受访者应该意识到在新闻中引用是一种不容置疑的事实。一篇报道倾向于哪种方式取决于很多因素，但是双引号内的文字被认为是神圣不可侵犯的。当然，即便是这种对精确性的尊重也允许有某些例外。比如，有些记者会去掉受访者的语法，如果这些语法是不重要的。尽管他们心怀好意，并且尽了全力，但是，记者确实有些时候会犯错误，以及出现不正确的引用。科学家也会犯错并且随后对他们说过的话表示后悔。除非你告诉记者你不想自己说的内容被记录在案（即便这样也会有风险），否则你当着记者的面所说的所有事情都有可能被引用——所以要谨慎地选择你所说的话。野生生物学家沃伦·阿内在这方面有惨痛的教训。在他于1993 年退休之前的十多年里，阿内是俄勒冈渔业与野生动物部（Oregon Department of Fish and Wildlife）的区域主管。他负责的区域位于俄勒冈州的西北部，其面积大约占到该州的 1/5，这几乎相当于整个西弗吉尼亚州了。在成为野生生物科学家之前，阿内曾经学过新闻学，所以他认为自己对媒体非常精通。如果在他的区域内出现问题的话，比如鱼类养殖场的问题或者冬季降水不足，他会在当地媒体打电话给他之前先给他们致电。如果他接到一个不请自来的电话的话，他会毫无防备地给予回应；他认为这个电话是"教育公众的一个机会"。结果，他的下属和媒体都可以轻易地找到他，以确保有问题的记者都应该来找他，而非有些遥远的公共关系部门。换句话说，阿内成了记者们的良好信源，相关的步骤我们会在第六章进行介绍。

即使是像阿内这样对媒体精通的科学家有时候也会不慎犯错误。一个令人难忘的情况发生在某次采访期间，有一篇报道想介绍把大角山羊再次引入瓦洛厄山的鹰帽荒野（Eagle Cap Wilderness）的情况。当时，阿内对美国林务署在从该区域清除绵羊方面一直"徘徊不前"感到生气。该联邦机构允许大牧场主在该区域的部分地区放牧，而阿内想把大角山羊引到该地区，但是绵羊是感染并杀死野生动物的肺炎等疾病的病原携带者。在就这个项目提问了几个一般问题后，记者问阿内引入大角山羊的最重要障碍是什么。这是一个非常好的问题，但是阿内在记者面前过于自鸣得意了。在放松警惕的一瞬间，他几乎不假思索地回答道：美国林务署。

当有关大角山羊的文章见报后，记者引用阿内的话来探讨美国林务署的蓄意阻挠。"我的话被用得太正确了。"阿内富有幽默感地说，不过这是过了很长一段时间之后的事情了。随后他被招呼到了该区域林务署最高长官的办公室，该长官告诉阿内他对这种坦率的评价"很不满"。在回首往事的时候，阿内说该联邦机构出于对他愚蠢的错误的报复而可能会延长引入大角山羊的时间。他说："原本两年就可以完成的事情却用了十年时间。"我们从中可以得到什么教训呢？不要对记者说那些你不想在早餐的时候读到的内容。

杜克大学医学中心（Duke University Medical Center）的风湿病学家大卫·皮塞斯基认为，当被媒体复述的时候，医学研究人员有时候会做出的夸张性或没有根据的主张不仅会让媒体感到尴尬，还会让患者和医生感到痛苦。他曾回忆起一件事情，他用了一天时间来找出有关一项得了绝症的患者认为这可以让他痊愈的"突破"的媒体报道。那是一个令人不快的经历，因为他要向在媒体上听说了这项研究的绝症患者解释说这个研究处于初步阶段。还有一次，皮塞斯基不得不跟他自己的母亲解释说她在媒体上听说的"疗法目前尚未出现"，她罹患了退化性关节炎。皮塞斯基劝慰医学从业者要认真地考虑如何向记者解释他们的工作，以免让他们"燃起希望，然后发现毫无进展"。

2.4 遗漏错误

　　对媒体心怀不满的科学家通常会提到各种失误，其中有很多在本章的前面都有所提及了（比如耸人听闻的标题以及不正确的引用）。在不太显眼但却同样严重的遗漏错误方面，媒体也会遭到指责。多项传播研究表明科学家通常认为媒体报道是有缺陷的，因为他们在研究方法和既往研究方面没有提供足够的信息（或没有提供），也会遗漏限制性条款，比如该研究结论仍然处于初步阶段的本质，或者反对者的观点。一种更为微妙的遗漏错误是没有见报或播出的报道或话题。什么具有新闻价值的不成文规范、每日截止日期的压力、出版商的商业需求，以及一系列其他因素解释了媒体为什么偏好某些类型的报道，而牺牲其他报道。比如，在其他因素相同的情况下，如果某些报道关系到某些最高程度的事情（比如，最新、最小、最冷等），如果它们是反常的或出乎意料的（"人咬狗"的报道），又或它们有强烈的情感维度，比如对健康或财富具有前所未知的且严重的威胁，或相反，这是一个引人注目的疗法，那么这些报道就可以得到发表或播出。

维奇·恩特斯维尔于 1995 年在《英国医学期刊》(*British Medical Journal*) 上报道说 4 家英国报纸的医学记者每周都会浏览《柳叶刀》和《英国医学期刊》的目录来寻找"最重要的"疾病——比如癌症和艾滋病——以及著名的作者。记者们告诉当时还是伦敦城市大学 (City University) 一名学生的恩特斯维尔说他们更愿意报道的是"常见且致命的疾病；罕见但有意思或离奇的疾病；与性有关的疾病；新的或改善了的疗法；以及有争议性的主题或结果"。对两年中《柳叶刀》和《英国医学期刊》上发表的值得关注的论文开展的一项研究在很大程度上证实并扩展了上述发现。该研究发现报纸更愿意报道具有"坏消息"的研究，比如某项研究发现陪父母在沙发上睡觉的婴儿出现猝死的风险会增加，而不太愿意报道具有"好消息"的研究，比如一篇论文表明慢跑对于降低死亡率具有积极效应。报纸上有关女性健康、癌症和生育方面研究的报道异常地多，而对有关糖尿病、心脏病和老年人的研究的报道则相当地少。

约翰·戈登在《血液》上发表的论文引发了全球的报道，都在说百忧解的可能性风险（坏消息）与相关的抗抑郁药物使用之间的关联，而当多伦多大学 (University of Toronto) 的一个研究团队随后在《美国流行病学杂志》(*American Journal of Epidemiology*) 上发表的这种药物与非霍奇金淋巴瘤之间没有关联（好消息）的论文却几乎没有任何媒体报道，像这样反复无常的（虽然可以解释的）实践部分地解释了出现这种情况的原因。

值得注意的是，虽然媒体通常把政治作为一个仍在持续展开的故事，他们一般会把科学作为一系列不连续的、不连贯的事件，或者是"突破"，又或者就像坦尼克·博德所说的"快照"而非"影片"。用这种方式来对待科学是一种令人遗憾的实践，这助长了一种不正确的信念，即科学成果是决定性的、永恒不变的终点。因而，当新的研究调整了先前的研究发现，公众就会觉得被误导了，就好像科学家在釜底抽薪一样。
把科学研究描绘成一系列意外事件的另外一种不幸的后果就是当新的研
究逐步地促进了一个领域的发展时，明显没有必要对这个报道进行校正
更新，从而让公众被严重地误导了。

　　在为何科学家应该就科学议题更多地去影响媒体报道方面，这只是
众多原因之一。

3

记者为什么做他们要做的

记者和科学家通常会享受富有成果的工作关系，但是他们经常会发现彼此有分歧。我们已经讨论过，记者通常精通于他们所报道的某些或所有学科，科学家也经常无法有效地解释他们的工作。虽然这些问题很严重，但是用第四章至第七章所讨论的一系列方式可以缓解这种情况。

报纸新闻和广播新闻的经济学以及公众越来越把网络作为新闻渠道为原本就有不足的科学新闻带来了新的压力。许多这些问题不可能随时得到认真的应对，更不要说解决了。作为科学家，你不可能去改变大众媒体的文化，但是你可以帮助媒体改善它报道科学的方式。如果你理解了是什么引起了你和媒体中拿着笔、麦克风以及摄像机的记者之间的摩擦，那么你就会对预期的问题做更好的准备，从而保证对科学有更好的报道。最起码，如果你确实经历过麻烦，那么你就会理解哪里出错了。

3.1 科学新闻VS你可以用的新闻

    对于那些想对他们的观点或研究进行宣传的科学家来说，最重要的障碍就是缺乏对美国新闻媒体报道的科学新闻数量的了解，以及在某些情况下对科学新闻报道数量下滑的了解。一项对三家商业电视网络夜间新闻广播内容的研究表明，尽管致力于科学话题的时间比例从 1977 年的 4% 增加到了 2001 年的 11%，但是到 2003 年，这个比例下降到了只有 2% 了（同样地，对美国报纸中头版新闻的一项综合调查表面，大约有 2% 的内容涉及科学）。在过去几十年里，报纸还增加了科学的可见性，这只是在按原路返回。1978 年，美国只有一份报纸（《纽约时报》）每周有科学版，而到了 1986 年，每周有科学版的报纸数量增加到了 66 份。此后，大多数这些版面不是被裁撤了，就是转换成了健康、技术或其他更加以消费者为导向的版面。

    新闻中数量相对较少的科学以及科学内容的下降在一定程度上归咎于科学作为新闻话题的价值未得到正确的评价。报纸读者群和网络新闻收视率的总体下降趋势，这些媒体受众的人口统计学的变化（特别是，20 多岁到 50 多岁的成人以及大学毕业生的流失，以及广告商珍视其消费习惯的群体的流失）也对此产生了影响。利用这些媒体的受众规模的缩小以及年纪的老化导致了致力于任何形式的新闻的版面更少以及播出时长更短。根据一项研究显示，在 1991 年到 2002 年的 12 年间，一档时长半小时的晚间新闻节目用于新闻的时间量（"新闻洞"）从 21 分钟下降到了 18.7 分钟，减少了 11%。同时，民意调查表明特别希望阅读科学和技术新闻的人数正在下降。一项 2003 年开展的问卷调查发现 87% 的美国人认为他们对科学发现"感兴趣"，但是这种自诩的激情被民意调查掩盖了，在这项民意调查中，人们把科学新闻置于他们紧密跟踪的其他新闻话题之下。在 1996 年到 2002 年，科学新闻在排行榜中的位置从第六位下降到了第八位。

　　在一定程度上，报纸中对科学进行报道的原本就很少的有奉献精神的员工已经在收缩。没有一个单一的网络新闻制片人或记者完全致力于报道环境话题。尽管新闻网络曾有科学记者和健康记者，但是现在一个记者就可以报道这些话题。如前所述，在 20 世纪 80 年代到 90 年代期间，由报纸启动的绝大多数科学版面已经不再出版了，这其中包括《萨克拉门托蜜蜂报》(*Sacramento Bee*)、《圣何塞信使报》(*San Jose Mercury News*)、《达拉斯晨报》(*Dallas Morning News*) 和《明尼阿波利斯明星论坛报》(*Minneapolis Star Tribune*)。新闻学教授黛博拉·布鲁姆认为如今的电视节目和日报通常较少地报道纯粹的科学，而是报道那些"你可以使用的新闻"，比如有关身心健康或天气的。

　　从好的方面来说，公众对了解科学的实际应用非常感兴趣。比如，"非常紧密地"跟踪健康新闻的人的比例仅仅落后于跟踪犯罪新闻和社区新闻的人的比例。健康新闻的排名要高于体育新闻、当地政府新闻、国家政治新闻和国际新闻。这种兴趣有真正的影响。根据特丽莎·施拉德于 2003 年对医生开展的一项调查显示，新闻报道对医患关系具有重要的影响。绝大多数受访医生说媒体是他们患者获取医学信息的主要渠道。并且超过 80% 的这些健康从业者认为他们自己有时候也从大众媒体中获取有关医学进展的消息。超过 1/3 的受访医生根据健康报道修改过临床实践。

　　健康和医学新闻如此流行的原因在于它对人们具有直接的影响。我们会反复地强调这一点，因为就算你自己的工作着眼于野生生物或海洋或星辰，以与人们的生活相关的方式，就像他们的健康一样，来谈论你的工作都是至关重要的。

3.2 坏消息

在最佳的状况下，科学新闻能激发公众去欣赏自然惊人的复杂性以及对自然进行理解的愉悦。它可以给予人们力量以改善自己的健康并保护他们的环境。它还可以招致误传信息甚至是煽动情绪失控。一些新闻学教授利用 1990 年的一个案例来阐明当今新闻的问题。

"欢迎来到健康周。今天我们报道艾滋病方面的一些新研究。"1990年 6 月 2 日，美国有线电视新闻网的《健康周》（*Health Week*）节目就这样开始了，该节目接着对艾滋病描述了一种名为温热疗法的实验性治疗方法。偶尔会被用来治疗某些严重的感染，比如梅毒以及某些晚期癌症的这个程序涉及从患者的动脉中把血液抽取出来，然后让它通过一个加热器进行循环，最后再把它输送回体内。对血液加热的目的是杀死癌细胞和感染，并强化身体自身的防御机制。几个月前，美国有线电视新闻网新闻首次（当时也是唯一一次）讨论了利用这种加热血液的方法来治疗艾滋病。

患者卡尔·克劳福德被描述成一个病入膏肓的人，并且除其他疾病外，他还遭受着卡波西肉瘤的折磨，这是一种与艾滋病相关的癌症，患者身上会出现青一块紫一块的斑点。在全麻的情况下，他的血液被逐步地加热，直到他的体温升高到华氏 108 度，而正常情况下超过这一温度则会致命。然后经过 2 小时，克劳福德的体温逐渐地降下来。

虽然该节目提醒说，个案并不能证明这一疗法有效，并且转述了对这一疗法的有效性提出质疑的某一匿名医生的话，但是美国有线电视新闻网的记者丹·鲁兹对这个程序抱有乐观的前景。鲁兹认为克劳福德的卡波西肉瘤已经开始"愈合并消退"。此外，他说后续的"医学检查没有显示有艾滋病感染的任何迹象"。克劳福德的两名医生分别是肯尼斯·阿隆索和小威廉·D.罗根，两人当时是亚特兰大医院的健康和肺部诊所的医生，他们在该节目中的几个地方也有出镜，并且对这一疗法抱有谨慎的乐观态度。克劳福德先生自己也出现在节目中，欢呼着说"他们不能说我被治愈了，当然，你知道的，但是我认为我好了，我真的好了"。

在美国有线电视新闻网于全国播放这个节目之前，这个报道曾出现在隶属于亚特兰大美国国家广播公司和美国有线电视新闻网的 WXIA-TV 制作的节目中。该网络播出的节目引发了全国的电视、杂志和通讯社报道这个话题的热潮。很多报道用比美国有线电视新闻网更加怀疑的态度来对待这个未经证明的疗法，在报道的开头而非结尾介绍了独立研究人员提出的质疑。然而，在接下来的近两个月时间里，阿隆索和罗根说他们治疗了第二个患者，从而绝大多数有利报道都把这个未经证明的加热疗法视为可能治愈艾滋病的方法。在对第二个患者进行治疗的时候，美国有线电视新闻网在亚特兰大医院进行了直播，从而把这个处于早期阶段的医学研究变成了与自然灾害、飞机失事和名人审判相提并论的媒体事件。其他艾滋病研究人员对加热程序表示怀疑，并且对过早的媒体报道感到愤怒。但是孤注一掷的艾滋病患者都急于去排队，想试试大多数媒体认为似乎大有前景的这种疗法。据说，研究人员一天要接受 1000 次咨询。一名纽约的医生开展的调查显示对艾滋病进行治疗的绝大多数医生都被他们的患者咨询过有关温热疗法的事情。

然后，在 8 月中旬，第三位接受过温热疗法治疗的患者死了。此后不久，来自美国国家过敏和传染病研究所（National Institute of Allergy and Infectious Diseases）的一个团队在一次调查（在第三位患者死亡之前启动的）中公布了这项研究的结果。该团队得出的结论是"似乎没有临床的、免疫学的或病毒学的证据支持"用加热血液的方法可以治疗艾滋病。该团队发现克劳福德起初根本并未罹患卡波西肉瘤——他们推测他可能患的是"猫抓热"，这是一种细菌性感染。政府调查人员也认为亚特兰大医生报告的克劳福德病情的改善只不过是防止术后感染而出现的对抗生素的短期反应。第二个患者从来未出现任何好转的迹象。调查人员认为"此时"没有理由"在这个领域开展进一步的人类试验"。阿隆索多年来一直试图获得开展更多人体试验的许可，但都以失败告终。他的行医执照也因对癌症患者实行无关的"不道德且危险的"方法而最终被佐治亚州考试委员会（Georgia's State Board of Examiners）吊销了。同时，亚特兰大医院于 1990 年年末关门，具有优先购买权的政府决定取消其营业执照（因为另外一名医生致使无关的患者死亡）。

出了什么事呢？为什么美国有线电视新闻网对一所风雨飘摇的医院里一名鲜为人知的医生开展的未经测试的疗法进行兜售，并因而凭空燃起数千名艾滋病患者及其家庭的希望呢？虽然这可能是一个极端案例，但是它却阐释了当今美国新闻业的一些缺点，特别是电视报道。

追逐财富

虽然或许他们不知道，或许不承认，但是科学家和记者追求的目标在根本上是一致的：找到并报道事实真相。这些共有的目标应该成为找到共同点的坚实基础。把记者和科学家分割开来，并且在一定程度上让他们对立起来的是这两个群体用来寻找、证明和宣传真相的方法是背道而驰的。其中一个关键差别就是他们进行探索的精神不一样。

用《寂静的春天》(*Silent Spring*)的作者雷切尔·卡逊的话说,科学"是有关我们体验过的一切是什么、会如何以及为什么的"。科学家研究可以对理论进行证实或反驳的问题。他们对方法进行改善以进行观察。他们对现象进行编目,并且在自然中寻求模式以理解未分化的事实。相反,根据明尼苏达大学(University of Minnesota)新闻学教授盖里·施维策的观点,"新闻是由新颖的东西所驱动的"。施维策一直担任美国有线电视新闻网医学新闻部的负责人,直到1990年播出了温热疗法的报道。他认为美国有线电视新闻网做错了报道,因为它的编辑(不包括施维策本人,因为他坚决反对这个报道)急于使其成为全国第一个报道加热血液程序的节目。"我倾向于慢一些,做第二个报道这个事情的媒体并且要报道正确。"他说道,但是他被驳回了。他的上级认为新的艾滋病治疗方法是新闻,并且他们不想被别人抢先一步。施维策说当他看到播出的节目后,"就好像一把剑刺穿了我一样。"他说这一研究的很多方面都应该引起记者的怀疑。亚特兰大医院只是一个有50张病床的社区医院,并且政府正在调查几起患者死亡事件。医生们在研究方面没有业绩记录,并且没有被独立地评估过(国家过敏和传染病研究所的团队还没有开始他们的调查)。"就在那时,我决定我不能再为该电视网络工作了。"他说道。

新闻网络对什么是新颖的关注很大程度上是出于经济原因。除了非营利性的公共电视台,它吸引到的观众数量相对较小,其他电视台的共识都是期望获得利润。他们通过销售广告来实现这一目标。哥伦比亚大学(Columbia University)的新闻学教授理查德·瓦尔德认为其目标是"对你进行告知"。曾经是美国国家广播公司新闻网(NBC News)前主席和美国广播公司(ABC News)新闻网高级副总裁的瓦尔德注意到,直到20世纪80年代,联邦监管政策才要求电视台在他们盈利的动机和对公共服务的承诺之间进行调和。但是联邦通信委员会（Federal Communications Commission）的规则的变迁，对广播工业管制的解除，以及电视台所有权的巩固改变了上述情况。瓦尔德说，如今"整件事情的基本思路就是赚钱"。这导致了盲目地追求提高收视率（一种衡量收看某档节目的家庭比例的方法）。比如，WXIA–TV 对温热疗法研究的首次报道于 5 月末的《一周收视普查》期间播出，当时电视台正努力用耸人听闻的报道来提升收视率。在《一周收视普查》期间观看某个电视台的观众数量（由发放到数百万美国人的问卷来测定）被用来计算下一季度的广告费。在这关键的几周里，对于新闻媒体的蜜蜂——观众——而言，健康报道就是他们的蜂蜜。

至少有一个评论员推测说广播公司仅仅为了增加收视率就夸大了阿隆索医生的温热疗法研究的重要性。虽然这一推测可能并非完全精确，但是它确实包含了一些真相。来自《时代周刊》（*Time*）的一个记者问到，在医院进行现场直播是否是对这个未经验证的研究进行报道的恰当方式，时任美国有线电视新闻网公共关系总监的史蒂夫·哈沃斯说："这取决于发生了什么事。我们当天没有其他的突发新闻。"

通常当电视节目想要推动收视率的时候，或者当新闻杂志想要提高报摊销售量的时候，他们都会显著地主打医学报道和健康报道。但是有制作或撰写这类报道的资质的记者是很昂贵的，并且绝大多数广播电台都在削减支出。随着观众停止收看节目以及来自互联网的竞争的增加，电视新闻的广告收入正在下降。日报和很多杂志在类似的经济负担的压力下也趋于紧张。媒体企业的整合兼并通过让更多的报纸和电视台对远距离的所有者富有责任感而把这个问题复杂化了，这些所有者对他们的媒体渠道所服务的社区没有任何情感上的联系，即使有的话也是很少的。如今，在美国每日发行的报纸中有 70% 都掌握在 22 家公司手里；在所有广播电台中，掌握在 20 家公司手中的比例达到了 23%；

10 家媒体公司掌握了 30% 的美国电视台，而他们获得的美国家庭用户占到了 85%。

这些所有者挣得的利润通常足够雇用合格的记者了，但是这些公司期望更大的利润，这和其他地方的收益不成比例。这限制了用于新闻编辑部的经费的数量。比如，尽管收视率在下降，但是电视台的边际收益通常有 50%，有时候还更多。由联营公司运营的报纸有 20% 到 30% 的边际收益（在 20 世纪 70 年代之前，独立报纸获得的利润大约为 10%，当时联营才正式开始）。即便如此，"新闻机构的所有者还希望有更高的利润，"新闻与自然资源研究所（Institute for Journalism & Natural Resources）的执行主任、前环境编辑及《华尔街日报》（*Wall Street Journal*）的社长弗兰克·艾伦说道，"更高的利润是与更高的收益及更低的支出伴随而来的。"结果，他认为，在对采集新闻的预算进行削减的同时，新闻机构用更好的方式来分销他们的产品。理查德·瓦尔德认为由此产生的商业电视节目质量的丧失导致了收视率的下降与长期以来不可持续的广告收益下降之间出现了一种恶性循环。

这种经济因素直接地影响了记者。比如，自从新闻编辑部记者的平均数量在 1985 年达到峰值后，到 2002 年这个数量从 77 人下降到了 50 人，降幅达到 30%。在同期内，每个记者撰写的报道平均数量增加了 30%，工作负担的增加毫无疑问会对他们工作的质量产生影响。2003 年，对北美西部 285 份日报的自然资源新闻和环境新闻的现状所开展的调查中，艾伦报道说 83% 的编辑把拥有太少的记者视为妨碍更好的报道的最重要障碍。他还发现这些报纸中 80% 的环境记者通常把他们的任务转向了报道突发新闻，比如火灾、台风或暴力犯罪。和国内最大且最有名望的报纸不同的是，大多数报纸最多也只是用一个环境记者来应对这个主题或者根本就没有专门的记者报道这个主题。在报纸和电视报道健康、太空、科学和其他技术话题方面也再三地出现相同的模式。

　　盖里·施维策在 2003 年说，明尼阿波利斯市（Minneapolis）隶属于电视网络的四家电视台中没有一家有全职的医学记者（即使据说一家电视台的边际利润达到 70%）。施维策于当年春季对这些电视台的医学报道进行了四个月的系统性监测，在他发表于《英国医学期刊》的文章中，施维策说在这期间 58 名不同的记者为这四家电视台提供医学报道。"这是一种可怕的情况，"这个新闻学教授说到，"如果你在任何一天没有占有某个领域，那么你就不会有归属感。"反过来，那意味着记者们不会有高品质的新闻所需要的专业知识和联系人。施维策认为在培训记者和出差参加会议方面预算很少或没有预算加重了未能为具体的记者分配这些技术领域所引起的问题。

3.3

避重就轻

　　为了补偿他们在新闻编辑部里面临的压力，记者们采取了一系列捷径来让他们的工作更简单一些（通常会伤及新闻的质量）。

孤立地看待研究

　　新闻根植于一个并不总是特别适合报道科学的概念性框架之中。美国最早期的记者对不连续事件的报道通常都有清晰的开头和结尾，比如审判程序、犯罪事件、火灾等。这仍然是他们的主要角色。然而，科学是一个过程，而非一个事件（或者，用华丽的语言来形容的话，它是不会突发的，而是徐徐而来的）。与犯罪事件和灾难不同的是，它是逐渐地进展的，没有清晰的开端或结尾。它反映了我们有关世界的知识是在不断地变化的。在其他话题方面,记者们通常会在生产或撰写文章之前等着这个故事或这个故事某些可确认的方面(比如犯罪诉讼听证会的完成)结束(对逐渐展开的总统竞选的报道是一个例外,虽然因其他原因会很麻烦,但是这对于科学记者来说是值得效仿的)。然而,在报道科学的时候,记者们没有闲心静待这个故事走到终章,因为对知识的追求没有尽头。当提及不习惯于报道科学的记者时,弗兰克·艾伦说:"这对于那些依赖确定性而成长起来的人来说是令人沮丧的。"

盖里·施维策把科学比作蜿蜒迂回的河流。就像奔某一个方向前进的迂回河道扭转了流向一样,研究结果有时候是验证了以前公认的知识,而有时又驳斥了这一知识。有时候,它们会指向完全不曾预料到的方向。他认为,记者对科研成果报道的方式往往就像只看到一小段河床的探险家对一条河流所做的报道一样。记者们采用了最新的结果并且"把这件事作为福音"。结果,某一天被称为"超级阿司匹林"的一种新止痛药在后一天就可能是"毒药"。施维策说:"这就是让公众感到心神不宁的原因。"

3.4 只看外表

作为政治、犯罪、灾难如此等等的记录者,记者们产生了有效的技术来了解和讲述一个报道的"谁""什么""何时"与"何地"。这些技术在新闻编辑部里从老道的记者传承给了新来的送稿生,在新闻学院里也是如此。弗兰克·艾伦认为新闻几乎不擅长描述"那又如何"以及"为什么"——这是科学相关报道中一个话题是否具有重要性的象征。再以全球变暖这个主题为例。对记者来说,这是一个有挑战性的话题,并且通常他们处理得很糟糕。这里的"谁"不是典型的反面人物(因为它是每一个人),"哪里"也不是典型的地点(因为它无处不在)。但是在全球变暖中真正重要的是"那又如何?"——变暖所带来的生态的、物质的和经济的后果。为了很好地报道这个主题,需要熟悉大气物理、气候历史、气候模型、生态学和经济学,如果这个报道要探讨解决方案的话,还要熟悉政治学。这也很需要时间。而时间是稀缺的。位于伊利诺伊州的电视节目主持人兼环境记者马特·汉米尔说,当他所在的电视台的记者抛出一个报道的时候,"新闻编辑部里出现的第一个问题就是我们能一天做完吗?"这种态度无益于选择复杂的话题。他说,第二个问题阐明了对有限的播出时间的激烈竞争:"别处的记者报道了异装癖双重谋杀,你有什么?"汉米尔说:"在那种环境中,日常的新闻报道可能仅仅只是他及其同事们所谓的'昙花一现遂成垃圾的新闻',因而使得像全球变暖这样的议题备受冷落。"

因为这些缺点的存在,对科学各个方面的报道通常比较肤浅就不足为奇了。1995年,为广播暨电视新闻主任基金会(Radio and Television News Directors Foundation)开展的一项对302家当地电视台的电视新闻主任的调查显示,正如所预料的那样,有关健康和医学的电视新闻片段着眼于有关"突破"等在内的容易报道的故事,而非更复杂的话题。在这些电视台的新闻主任中,有96%说在该调查开展的前一个月做过有关健康威胁的报道,比如疾病。92%的新闻主任说做过有关医学突破的报道。相反,几乎没有电视台做过有关如何为医药付款、医疗保健的质量或如何实施医疗保健的报道。只有30%的电视台专题报道过医疗保健组织(HMO)(当时还是新鲜事物)如何发挥作用,只有34%报道过医患

关系，并且只有 58% 做过有关健康保健费用的报道。对电视观众开展的
一项相关调查发现，在健康保健方面，人们通常对他们认为的肤浅的本
地报道感到失望。对这些结果进行归纳的报告总结说"本地电视新闻必
须投入时间和资源来更深入地做这些方面的报道"。据说，这些建议并未
被采纳。

3.5 随大流

　　记者们会把自身嘲笑为实干的怀疑论者，一个有关记者的笑话是
这样说的："如果你妈说'我爱你'，你还是去确认一下。"记者会很
自豪地标榜自己公正无私的独立性，然而出现在纸媒或广播中的很多
东西都是对其他记者在别的地方生产的内容的轻微改动。这种实践过
于根深蒂固，以至于记者们还为它发明了自己的贬称：跟风新闻。盖
里·施维策说在他领导美国有线电视新闻网医疗小组的时候，记者和
编辑们会因为改编他人已经做过的事情而受到奖励，而非从事原创性
工作。"如果他们没有别人已经有的东西，那么你就要对此负责。"施
维策说。为什么美国有线电视新闻网效法其附属电视台 WXIA-TV 做了
温热疗法的报道，以及为什么其他数十家报纸和广播机构在美国有线
电视新闻网的全国性报道播出之后出现了跟风的举动，他说上述心态
也是对这种现象予以解释的一种因素。

3.6 用采访支持一种预先决定的角度

科学家抱怨说记者有时候似乎甚至在进行采访之前就已经写好了报道，并且采访的目的仅仅是给预设的观点附上一个人名或一个面孔。我们希望我们可以说这种表象具有欺骗性，但是这实际上却是惯常的做法。作为一个新闻工作者（本书作者之一的丹尼尔·格罗斯曼），我们多次采用这种方法。但是我们希望你在读完本书的时候会认同我们的做法，因为实际情况并不像它听起来的那样该遭受谴责。

新闻有两个基本的温度：内容和风格。内容是事实——这个报道是关于什么的，以及如何对其进行概念化。风格是关于如何讲述这个报道的——这个话题的世界观以及论点的说服力。正如公共广播节目《此时此刻》（*Here and Now*）的前主持人、资深的广播记者布鲁斯·盖勒曼说的那样，内容是这个报道的"要旨（有趣的部分）"，而风格是"动作"。播放未经过滤的国会听证会之类的内容的有线电视频道 C-Span 接近于纯粹的内容。相反，所谓的电视真人秀实际上是没有或很少有内容的纯动作。

好的报道总是既有内容又有动作：内容是信息，而动作是让这个报道有趣的东西。加入报道中的引述或原声摘要主要是为了增加动作。记者通常不会用其他人来说那些他们自己已经说过的事实。其他人的声音会让一个报道充满活力（当受访者用多彩的语言，或用引人入胜的口音讲话，或表达某种强烈的情感），会为一个报道增加严肃性（当发言人被听众或读者视为受尊重的或可靠的），并且为报道中的特殊点增加可信度

（当科学家解释科研发现或批判者对其进行质疑）。

开展采访的记者有时候是在寻找内容，有时候在寻找动作，有时候又二者兼而有之。当他们在寻找事实的时候，通常在报道的一开始，他们可能并不需要引述或原声摘要。通常直到了解了报道的内容之后，他们才会关注到需要增加到动作中的引述。

抱怨记者在开展采访之前就已经做好了决定的科学家可能是对的。但是那并不意味着记者对事实不感兴趣。或许他们已经有了足够的事实。比如，如果一个记者从公认的专家那里获得引述以增加其报道的严肃性，那么他／她可能已经知道该专家过去曾对相关的话题说过什么，并且可能会猜测这个人会对当前的话题说什么。一个认真的记者在开始采访之前已经浏览了一些网站，查找一些早期的新闻报道，或者跟其他人交流讨论过。因为这时他／她是在寻找动作，而非内容，他／她也许已经列出了该报道的大纲，并且希望用一个引述或原声摘要来提出一个特殊的观点。他／她的编辑甚至已经指示他／她去做一个非常具体的引述，比如对这个研究感到兴奋的人，或对研究表示质疑的人，或质疑该研究的道德准则的人。在进行采访之前，记者已经决定他／她的报道的角度了吗？也许吧。他／她对开门见山地触及事实不感兴趣吗？也许不是。

平衡原则

随着美国新闻超越了其作为政党的喉舌的来源，它就需要一些交通规则。作为取代公然的偏见的备选，被选中的新的理想就是客观性、精确性、真实性，所有这些开明的理想使得新闻几乎成了一项科学事业。多年来，记者发现不管这些目标有多么正当，如果不是不可能的话，在实现这些目标方面都难以确定。作为一种替代，这个行业把"平衡"和"公正"作为优秀报道的标准。平衡对于记者来说意味着在争议性的议题上包含相反的观点。公正的标准要求这些观点要被精确地展示出来。

对记者来说，这种获取，或至少接近事实的方法有很多优势。比如，如果一个备受折磨的普通记者在分配给他的有关新的气候变化研究这个话题方面没有以往的经验，那么他就没有时间让自己来熟悉这门科学以评估他对这个主题的报道是否精确。在这一研究的作者与对此表示质疑的人之间进行简单的"平衡"就容易得多，且耗时较少。然而，对这种报道风格予以批判的人认为这种捷径弊大于利。有时候，就像质疑人类是否对地球的气候产生影响的怀疑论者的案例一样，持怀疑主张的人不应该获得通过利用平衡实践的标准而给予他们的那么多的"广播时间"。为平衡原则寻求替代方案的记者认为新闻在努力实现其职业理想方面需要新的工具。

波士顿大学新闻学院（Boston University Department of Journalism）科学新闻项目的联合主任道格·斯塔尔教他的学生纳入他所谓的"通过深度实现平衡"。他的意思是说他们应该为读者提供理解如何阐释怀疑论者的观点的情境。比如，可能的情况是，与全球绝大多数气候变化的研究者相反，认为人类没有让地球变暖的人最终可能是像伽利略一样的人，他看到了几乎所有的其他科学家都忽略了的东西。但是在采用这种方法时，对这个人的观点进行引述的记者需要说明在科学上只有极小一部分持异议者最终证明了其他所有人都错了，这个比例也许只有千分之一，或者更低。"速记员式的记者的时代已经结束了，"斯塔尔教授说道，"它被分析员式的记者取而代之了。"这一观点在年轻的科学记者中间越来越流行。但是对于把平衡原则作为获取事实和精确性的捷径而言，现在为它写讣告可能还为时尚早。

3.7 电视上有什么

　　你选择怎么死吧：电视还是纸媒。电视比纸媒还要肤浅吗？和日报相比，夜间新闻更不顾及真相吗？这些问题并不像乍看起来那样容易回答。但是试图回答这些问题的过程对记者如何工作以及如何阐释他们的所作所为提供了一些有价值的看法。

　　1996 年 8 月 6 日，美国国家航空航天局（NASA）局长丹尼尔·S. 戈尔丁让科学共同体大吃一惊，也让公众感到头昏目眩，他宣布美国国家航空航天局和大学科学家组成的一个团队有"令人兴奋的，甚至是令人信服的"证据表明 30 亿年前火星上存在过生命。在第二天举行的新闻发布会上，克林顿总统说，如果得到证实，那么这一研究"毫无疑问将是科学在揭示宇宙方面最叹为观止的发现之一"。该团队引人注目的发现源于对一块陨石中的微粒所进行的研究，该陨石在十多年前发现于南极大陆，并且人们普遍认为它来自火星。

　　在这一激动人心的消息公布十天后，研究人员在《科学》上发表了一篇论文，他们认为三个独立开展的调查都表明火星上曾经有过生命。首先，该团队在这个四磅重的岩石中发现了多环芳烃（polycyclic aromatic hydrocarbons，PAHs），这是一种有时候与生命相关的简单有机化合物。多环芳烃发现于陨石的深处，并且其浓度要比南极大陆之前观察到的高很多，从而使他们认为该化合物是由火星的岩石带来的，而非于数千年来未受打扰的南极大陆中吸收聚集起来的。其次，一个更加引起哗然的断言是科学家发现了微生物的微小化石，其直径不足人类头发的百分之一。最后，该团队说发现了与地球上某些细菌中所看到的类似的氧化铁微小粒子。在戈尔丁局长宣布这一消息之后的第二天，国家航空航天局召开了新闻发布会，以便这个研究团队的成员可以讨论这些研究发现。和这项研究没有任何关系的来自洛杉矶加利福尼亚大学（University of California）的生物学教授威廉·萧普夫也做了一个报告。通过引述卡尔·萨根的话（"非凡的主张需要非凡的证据"），他对这一研究提出了认真的评判，以说明"在我们对这份有关火星上存在生命的报告抱有坚定的信心之前，我们还需要有额外的工作要做"。

几乎在国家航空航天局研究团队令人震惊的消息发布的同时，约翰·凯瑞吉的电话就响了。凯瑞吉是《火星外空生物探测策略》（*An Exobiological Strategy for Mars Exploration*）的首席作者，这份在前一年完成的报告为国家航空航天局如何搜寻火星上过去或现在的生命的证据提供了建议。凯瑞吉回忆说，"最初的几天有些疯狂，"并且补充说，"如果他去趟卫生间的话，他回来时'就会有六条消息'。来自世界各地的电话一天到晚地打到他的家里和办公室。他最'离奇的'经历是：一天晚上当他在床上读书的时候，来自澳大利亚的一个电话要求他加入现场的互动秀。他很亲切地答应了，然后茫然地发现自己'穿着睡衣坐在床上跟澳大利亚的上班族交流着'。经过最初几天狂乱的节奏之后，接下来的几个月电话就不那么频繁了。"凯瑞吉跟记者一个接一个地说道，"这个结论充其量也是初步的，更有可能是错的。"现在大多数知识渊博的科学家都认为他的这一评价是正确的。他说，"多环芳烃可能会有非生物学的起源，就像在高空飞行器和气球采集到的星际尘埃粒子中发现这种化合物一样。那么同样地，这也适合于氧化铁粒子。"最后，凯瑞吉注意到，类似于化石的物体要比地球上发现的任何化石都小很多。它们似乎是古生物学家在这种化石中寻找的缺损结构。因而他认为这些物体可能只是暗示性地表明它们具有矿物沉积的形状。

虽然纸媒记者乐于接受他有关陨石研究的批判性评估，凯瑞吉总结说电视制片人对让他们简单的故事情节复杂化的细微差异不感兴趣。美国广播公司和国家广播公司都采访过他，但是他却没有出现在这两个电视网络制作的节目中。在有线电视新闻网和美国广播公司《夜间新闻》（Nightline）中的镜头也于最后一刻取消了。在随后给《科学》写的信件中，凯瑞吉叙述了自己的经历并且建议其他科学家："如果你想上电视，告诉他们你认为他们想听的东西。如果你想让公众知道事实真相，那就尽量采用纸媒和广播。"

电视真的那么不好吗？是又不是。对火星陨石的纸媒报道和广播报道进行的分析表明电视确实比纸媒报道要含有更少的怀疑的声音。范德堡大学电视新闻档案（Television News Archive of Vanderbilt University）[包含《美国广播公司夜间新闻》（ABC Evening News）《哥伦比亚广播公司夜间新闻》（CBS Evening News）《全国广播公司晚间新闻》（NBC Evening News）和《美国有线电视新闻网世界观》（CNN World View）的记录和脚本] 列出了 1996 年 8 月有关陨石研究的 15 个节目。只有 4 个节目包括了对质疑这一证据的一个科学家的采访（凯瑞吉没有出现在上述任何一个报道中）。相比之下，在 1996 年 8 月间，收录于律商联讯集团（LexisNexis）数据库中的对这个话题进行报道的 103 份报纸和通讯社中，大约有一半的报道包含了至少一个对这一研究表示质疑的科学家的引述（有 8 个报道引述了凯瑞吉的话）。

现在还没法说为什么凯瑞吉没能出现在电视报道中。有可能是那天他很倒霉，或者他的办公室过于喧闹，又或者制片人没有觉得他中肯地表达了自己的观点，又或者如凯瑞吉自己总结的那样，制片人认为其观点与他们的乐观报道不相关（就美国广播公司的报道而言，为美国广播公司新闻做陨石报道的奈德·波特说凯瑞吉"批评了剪辑室"因为"其他人说得更清楚，观点在根本上与他也一样"）。有一点可以肯定，电视通常偏好比较简单、更偏颇的报道。为什么记者有时候好像不会利用采访来学习受访者所说的东西，这也是一个很好的理由（然而，他们不会浪费任何人的时间）。

电视网络的新闻报道和当地电视新闻报道几乎总是简洁的，记者奈德·波特承认这一事实让新闻报道"不太详细"。卓越新闻项目（Project for Excellence in Journalism）对 154 家当地电视台开展的一项研究显示，在所有的新闻报道中，有 42% 的时长不到 30 秒。只有 31% 超过了 60 秒钟。在平均时长为半小时的当地晚间新闻中，体育部分的时长是当地新闻节目中任何新闻片段时长的两倍多。这个研究群体分析的当地新闻报道的一小部分（7%）值得被称为"高水平的事业"，因为就记者而言，有些举措不仅是参与了一场新闻发布会，或出现在犯罪现场或事故现场。对电视网络的新闻进行的一项相关研究表明，所有的晚间新闻中有一半不是只有一个信源（在镜头前接受采访）就是根本没有信源（早间新闻报道中的这个数字是 62%）。但是作为对凯瑞吉写给《科学》的指控性信件的回应，波特说在质疑方面，电视网络新闻节目并不比报纸的报道差："根据我的经验，没有。"然而，火星陨石的案例表明在把科学主题"烹饪"成几分钟电视节目的过程中，有些重要的成分蒸发了。如上所述，在范德堡大学的数据库中，只有 1/4 的有关火星陨石的电视报道提出了怀疑的观点。这也与电视报道中一个不断增加的趋势相一致，即它只包含除记者之外的一种声音，从而产生了一种记者称为单一来源报道的产品。相反，同样比例的报纸报道会呈现两个怀疑的观点，从而让这些报道更加显示出其细微差别。特别是当电视新闻报道争议性话题或复杂的话题时，它便会加入更多的声音，但却是极不情愿的。这在一定程度上解释了为什么有着复杂逻辑的电视报道是非常罕见的。

正如我们在本章以及前面的章节所显示的一些细节那样，当你接到记者的电话或主动地为自己安排这样的采访时，有很多地方会出错。当然，大多数科学家从来不会像李·汉娜那样公开地指责有关他们研究的耸人听闻的标题，或者不会像约翰·戈登那样被迫地几天不眠不休以挽回影响。我们聚焦于这种令人惊讶的案例并不是要让你在与媒体接触方面望而却步，而是因为这种报道明显地表明科学共同体需要更多地进行传播。这种情况亟须改善。理解媒体是如何工作的是纠正这个问题的第一步。下一步就是接下来的章节所要解决的。

4

你听到自己说什么了吗？

如果记者不能理解科学家说了什么，他们又怎么能把这翻译给受众呢？或者换句话说，如果科学家不能简洁明了，他们又怎么能期盼忙得脚朝天的记者把报道做好呢？

但这里有一个好消息：你可以在这方面做点什么。在与媒体进行互动期间，科学家需要考虑几个注意事项，但是其中一个尤为醒目：你必须准备简洁明了的信息以便能把你想讲清楚的事实或观点表达出来。《克利夫兰老实人报》（*Cleveland Plain Dealer*）的记者约翰·芬克敦促科学家"对信息进行分解，必要时可使用类比，以帮助我理解他们自己在做什么"。这不是你已经与电话那头的记者开始交流时可以匆匆忙忙做的事情。你必须在坐下来接受采访或者写新闻稿之前就做这个事情。

在政治领域中，我们经常听到把"信息"与"有倾向性的陈述"——有目的地对信息进行塑造以使其模糊或具有欺骗性——进行比较。这不是我们于此处想要说的。在这种情境下的"信息"只是以记者的受众能够理解和记住的方式来聚焦于你想表达的东西的一种方式。

不妨设想一下：如果记者没有破译你说的东西，或者没有猜到什么是你的论点，那么他们不太可能不会误引你的观点或者错误地描述你的研究或立场。"在媒体中进行传播和与同事进行讨论或在专业会议上作报告是不同的。"积极传播（Positive Communications）的总裁克里斯汀·杨克说道。该机构为全国播放的电视辩论和媒体采访提供政治候选人和主题专家。"大多数媒体采访都会经过编辑。"杨克说道，"因而发言人对于信息会如何呈现很少有控制权，他们必须依赖的是记者对一个议题的理解能力。至关重要的是科学家要学会如何把他们想说的东西进行打包，以使得它不能以不精确的方式进行编辑。"

如果你提前设计出了让人感兴趣又易于理解的焦点信息，那么你对记者所使用的信息会有更大的控制权，并且你也将不太可能看到你的名字出现在你没有说的、不相关的或者被曲解的东西上。你将不再处于被动防守的状态，回答着来到你面前的每一个问题，就好像你总是莎莲娜·威廉姆斯的发球的接收方。相反，你会把记者引导到你希望公众阅读或收听的报道上。这不是让记者有倾向性地做报道或者隐藏不利的事实。而是对你的观点或研究进行传播的一种形式，以确保最终的报道既精确又引人入胜。

那么你的信息是什么呢？从概念上来说，这很简单——你的信息应该是你希望公众了解的最重要的主题、事实或观点。一个有效的信息是清晰的、简洁的，并且是相关的。问一下你自己，"明早我打开报纸的时候，我希望读到什么样的标题"？那个问题的答案就是你的主要信息。2个到3个其他二级信息可以为该报道的其他部分提供主题。

首先，把你的观点或研究压缩成3个到4个要点似乎有些困难，特别是如果你正努力地对一个大型研究或正在对复杂的政策相关问题的观点进行概括的时候。然而，有些科学家一直都是这么做的。斯坦福大学（Stanford University）的保育生物学及环境伦理学专家陈凯认为焦点就是关键。"找出关键信息，不要跑题太远，并且用他们能理解的几种方式来陈述。"陈建议道。通过只聚焦于3个到4个要点，你就能确保记者了解了什么是最重要的。"把他们无法改变其含义的毫不含糊的答案准备好。"森林生态学家李·弗雷利赫补充道。

当地电视新闻节目中有关你的研究工作的片段不会超过一分半钟。让记者在这么一段时间里报道的要点多于 3 个或 4 个是不太可能的。虽然报纸通常会为一个报道提供一定数量的版面，但是纸媒记者通常也会把要点控制在 3 个到 4 个；他们只是对每个要点都进行深入的报道。相反，如果你强调了 6 个或 8 个或更多的要点，那么这个记者就会自行决定主要信息。这就增加了一种报道不符合你意图的可能性。

因而，为每一次采访准备 3 条到 4 条信息，不管采访者来自报纸、广播还是电视。然后对于每一条信息，你都要找出论题（二级信息）。把你的主要信息作为新闻报道的标题，比如："科学家发现了有毒的郁金香。"该报道的副标题（标题和正文之间的文本）应该是你的第二条信息："这一发现解释了花园中园丁患病的原因。"另外一个小标题（新闻报道中很少见）可能会引入你的第三条信息："园丁应该穿戴防护手套和面罩。"正文中对这些信息予以支持的事实应该是你的论题。

4.1 保持简单，但不是过于简化

记者是公众的代理人。在你选择了你想传播给媒体的信息时，要记住真正的目标受众：电视观众、报纸或杂志的读者，或广播的听众。"为公众清晰地表达这个议题，而不是为记者。"北卡罗来纳大学（University of North Carolina）威明顿校区的专门研究生物海洋学和环境科学的劳伦斯·B.卡洪说道。你的目标不是向记者展示你有多聪明，而是用简明的语言进行传播，以便普通的报纸读者或电视观众都能理解。

在我们与科学家进行采访交流的过程中，他们反复强调这一点。宾夕法尼亚州立大学（Pennsylvania State University）的大气科学家布莱特·塔博曼认为，"我发现最好把我们的研究成果概括成简洁、可理解且有趣的原声摘要。媒体永远不会发表冗长且学究式的独白"。

"普通人"能理解什么呢？大多数报纸是为大约学历程度能达到八年级的人撰写的，但是有些报纸的目标受众大约为五年级的程度，还有些会定得高一些，达到高中水平。让你的信息能被理解的关键就是使用短句和简短的词语。或者就像斯坦福大学的保育生物学家艾瑞卡·弗莱希曼说的那样，努力"把议题用简单的语言而不是用向下笨的语言表达出来"。

"向下笨"意味着简化你的信息，甚至于其精髓或意义都丧失了。除了有可能会损害你的声誉或让你感到难堪，把你的研究或观点向下笨对公众或媒体来说也不是最有利的。"简约而不简单"这句谚语很好地总结了这种方法。《达拉斯晨报》（*Dallas Morning News*）的退休写作顾问保拉·拉罗克说，"知识分子的一个特点就是简化的能力，让复杂的论文易于理解的能力。这是任何人都难以掌握的"。那么如何做到简化而又不至于做得太过呢？下面是一些技巧：

记住你的受众

如上所述，你的受众不是记者。海洋学家杰德·福尔曼建议科学家把记者当成"就好像是对这个主题感兴趣但是却需要很多解释（不用难懂的术语）的学生一样"。

没有人会主张你应该把跟你交流的另外一个成人当成是孩子。但试想一下，你正在跟你的一个成年家庭成员进行交流，他跟你的工作相距甚远。比如，如果你是北卡罗来纳大学的一名天体物理学家，想一下你将如何向在伊利诺伊州运营制钉厂的叔叔奈德解释你的工作，或者向在缅因州做财务顾问的妹妹萨利解释你的工作。奈德和萨利可能都很聪明，但是两人都不知道天体物理学是怎么回事。他们就是你的受众。《克利夫兰老实人报》的芬克说不要假定"我微积分一流，我就是大腕，或者我主修体育教育，我就能治疗我的指关节。大多数报纸记者起初都是有很多好奇心的通才。我们不是科学家，如果我们是科学家的话，我们也不太可能撰写出很多人能读懂的文章"。

避免技术术语或科学术语

来自积极传播的克里斯汀·杨克说，"科学家必须把他们的工作翻译成让普通公众能够理解的东西。可以通过举例子且避免使用术语的方式来实现。然而，科学家如果能把他们的研究和成果以与普通人的日常生活建立关联的方式（比如，全球变暖对生活于加利福尼亚南部的人有什么影响）来谈论的话，那么他们一定是最有效的。从受众的视角来讨论科学议题的能力是至关重要的"。

记住，在谈及科学的时候，我们国家大多数人都是相当没有科学素养的。当你必须要使用科学术语时，请解释一下它是什么意思。要避免使用缩写词和首字母缩略语。让你的句子尽量简短。听听电视网络新闻主持人是怎么说的——他们用不复杂的语言来报道复杂的主题。

李·弗雷利赫说他从惨痛的经历中认识到如果他不能直截了当地陈述自己的信息，那么显然记者也不会。比如，在20世纪90年代末，弗雷利赫发现并非明尼苏达州原生的但被人类不经意间引入进来的蚯蚓正在威胁着本土植物。他就这个话题接受过十几次采访，并首次这样来描述自己的研究，"我们发现，在取出一小块专有土地上的蚯蚓之后，某些种属的本土植物的丰富程度在有蚯蚓的区域要比没有蚯蚓的区域低一些"。

弗雷利赫说有关这个话题的前10次左右的采访"糟糕透顶"。特别是在电视和广播新闻中，记者们试图糟蹋或调整他的引述，以至于他似乎在表达与他实际上表达的观点相反的观点。弗雷利赫意识到他必须对采访"加以掌控"。现在，除非是与某个真正想深入了解的人谈论某事之外，弗雷利赫总是会提前准备好几个要点并且坚持在这几个要点上。"如果他们问了 10 个问题，我会用 5 到 6 种方式来说同样的事情。"现在，因为他了解了记者需要什么，所以最终的报道也会正确地引述他的观点。"我为他们提供了他们不得不采用的非常漂亮的原声摘要，"他说道。比如，他现在开始用非常神秘的陈述来讨论蚯蚓，"在社会中一种广为流传的观点是蚯蚓有益于环境。"对于这种引述，深谙媒体之道的弗雷利赫（科学家）说道，"我要挑战任何做出笨拙补救的记者，只有傻瓜才不会追问另一个问题。"当提前想象得到记者会问为什么蚯蚓对于环境并非有好处时，弗雷利赫会用简洁明了的信息做出回答："很多种属的本土野花会因为这些蚯蚓而灭绝。"如今，这个生态学家认为："他们说出了我想说的要点。"

4.2 发挥作用的原声摘要

弗雷利赫的经历和其他类似情况表明科学家应该把功夫用在提出关键信息以及以适合用作原声摘要的方式来谈论要点（二级信息）上。在我们与科学家交流的过程中，我们了解到"原声摘要"这个词对不同人有不同的含义，但是在这里，我们可以把它视为一种用简洁且适合于纸媒或广播媒体引用的形式来传播你想表达的信息的方式。

长篇大论很少会出现在报纸文章和广播采访中，并且电视从来不会采用。就像你的主要信息一样，一个好的原声摘要也是一种简练的陈述，它把要点以公众可以轻易理解的方式呈现出来。但是一个好的原声摘要还有某些额外的东西——它出人意料，朗朗上口，风趣幽默，或令人警醒。《今日美国》（*USA Today*）的长期科学记者丹·维尔佳诺说："对科学家而言，秘诀就在于站在记者的角度来看问题——他们需要一个概括性的引述，它在一个话题方面可以抓住这个领域的一些兴趣，但是在表述上要有说服力。我（希望）在引述中寻找的东西是一种表达科学家对某个话题看法的稍微有些离谱的方式。"换句话说，引述是令人难忘的。这在如今的新闻环境中特别重要，因为人们暴露于各种各样信息的狂轰滥炸之下。如果因为你"妙语连珠"而让受众记住了一两个你要表达的主要观点，那么在触及美国公众方面你要比大多数人都更加有效。

经过多年来对数百篇报纸报道以及广播和电视采访进行分析之后，我们发现媒体偏好来源于科学家的某些类型的原声摘要。为了帮助你设计自己的要点和原声摘要，我们列出了一份记者孜孜以求的且是科学家可以有效地采用的讲话风格的清单。就像有着成功媒体经历的科学家所表明的那样，首要的原则就是避免使用术语，用积极的且多姿多彩的词语，保持简洁，以及最重要的就是聚焦于你的主要信息或者要点（二级信息）上。

全面地看待你的信息

记者从科学家那里寻找的引述应该是对一项研究结果或政策决定的影响进行的概括以及陈述它为什么是重要的。用简短的句子描述问题的症结。用容易理解的语言来解释这一发现在我们对人类、对自然或对宇宙的理解上意味着什么。丹·维尔佳诺说："传递这些引述的最简单方式就是在你的词汇表中抛弃那些助动词，试着用一些主动动词，比如'揭示了''促进了''彻底搞砸了'等，'这一结果彻底搞砸了我们通常看待萤火虫的方式'。"维尔佳诺还建议要凸显这对公民、野生动植物、商业或任何会受到影响的人或地点的意义。

　　总的说来，你应该把你的主要信息用可引述的、适于做原声摘要的形式提供出来。浏览下列一些引述，你会看到它们有一个共同的主线：科学家在解释其意义（换句话说，为什么科学是重要的）的时候简洁且清晰地抓住了他们的研究或观点的本质。

　　"这将真正地革新我们采集高精准度环境数据的能力。"——加州大学伯克利分校，托德·道森

《圣何塞信使报》(*San Jose Mercury News*)
标题：微型远程遥感器将重塑研究
记者：格伦达·崔
2003 年 8 月 12 日

　　"这真是巨大的地质事件。地球并不是经常这样。这些事情的规模让我们为之一振。"——美国地质调查局及华盛顿大学，布莱恩·阿特沃特

《今日美国》
标题：陆地冲撞释放出致命的波
记者：丹·维尔佳诺
2004 年 12 月 28 日

　　"对于为地球制定未来方向的决策者来说，这是非常重要的信息。"——拉蒙特·多尔蒂地球观测站（哥伦比亚大学），高桥太郎

《西雅图时报》(*Seattle Times*)
标题：海洋中发现了工业时代的二氧化碳：那里吸收了人造煤气的一半；海洋酸度的上升会危害海洋生物

记者：桑迪·道顿

2004 年 7 月 16 日

"前进的方向非常清晰。（位于加利福尼亚的）我们在让世界迈向更低排放的道路上需要发挥领导角色。"——斯坦福大学，克里斯托佛·菲尔德

《萨克拉门托蜜蜂报》(*Sacramento Bee*)

标题：研究：来自全球变暖的主要挑战

记者：伊迪·劳，斯图尔特·利文沃斯

2004 年 8 月 17 日

你的信息应该是发自内心的

可以从你对词语的选择上，而非你的肢体语言或你声调的变化中轻易地看出你对一个主题的激情。请用逼真且有活力的词语来描述你对某些事情的反应。人们想知道它让你有什么感觉——高兴、意外、失望、疑虑。丹·维尔佳诺建议："只是诚恳地说你是怎么想的：'我保证这行得通，如果确实奏效了，我们所有人都会穿上印有这个人名字的 T 恤衫。'如果这就是你想的，那么为什么不这么说呢？"下面的例子成功地向记者（和公众）表明了科学家到底有什么感觉。

"如果我面前没有所有这些事实以及你提出的一个那样的宇宙的话，我要么会问你一直在抽什么烟，要么会让你停止讲神话故事。"——高等研究院（普林斯顿大学），约翰·巴考尔

《美国新闻与世界报道》(*U.S News & World Report*)

标题：上帝一定是疯了

记者：查尔斯·W·佩蒂特

2003 年 9 月 8 日

"当你发现了某些你完全不能理解的东西时，这总是会让人兴奋不已。"——哈佛史密森尼天体物理中心，布莱恩·马斯登

《波士顿邮报》(*Boston Globe*)

标题：天文学家发现了小且冰冷的世界

记者：加雷斯·库克

2004 年 3 月 16 日

看到第一张图片时"我差点从椅子上掉下来"。——俄亥俄大学，布莱恩·麦克纳马拉

《克利夫兰老实人报》

标题：黑洞爆炸让科学家目瞪口呆

记者：约翰·曼格尔斯

2005 年 1 月 6 日

"不兴奋是根本不可能的，我是从怀疑的角度说的。"——凯斯西储大学，克莱门斯·布尔达

《克利夫兰老实人报》

标题：微小的科学期盼收获巨大的进步：纳米技术峰会周一开幕

记者：约翰·曼格尔斯

2004 年 10 月 24 日

如下面的例子所展示的那样，如果你能在一个主题上把自己的研究或观点的概述与你个人的情感融合起来的话，那么原声摘要会特别有效。

"通过观察孩子我们可以展望未来。这非常让人震惊。"——伊利诺伊大学芝加哥分校，S·杰伊·奥利尚斯基

《密尔沃基哨兵报》（*Milwaukee Journal Sentinel*）

标题：儿童肥胖的浪潮会降低生命预期：研究人员预测治疗这一弊病；批评人士认为医学及生活方式的进步能缓解这个问题

记者：约翰·福伯

2005 年 3 月 17 日

"我目瞪口呆，不知道该说什么。这将对太空项目产生灾难性的影响。"——加利福尼亚大学欧文分校，亚历山大·麦克弗森

《橙郡纪事报》（*Orange County Register*）

标题：科学共同体感到震惊：悲伤笼罩在曾参与过太空项目的当地工程师和科学家周围

记者：盖瑞·罗宾斯，帕特·贝伦楠

2003 年 2 月 2 日

用你的信息绘一幅图画

因为很多美国人不理解科学的语言或者不理解科学是如何工作的，所以帮助他们对此予以理解的最佳方式之一就是用词语绘一幅图画。记者喜欢个性化的议题，所以要讲一个阐述你自己观点的故事。或者用生动的语言描述你的研究，就像小说的叙述者一样。用描述性语言设计一

个场景的引述是传播你的信息的有力且有效的方式。

"鸽子走路时头稍低,这让它们看起来像白痴,所以人们认为鸟类只有一部分白痴的大脑。"——田纳西大学,托尼·雷内尔

《华盛顿邮报》
标题:鸟类大脑有了新名字,以及新的细节
记者:瑞克·韦斯
2005 年 2 月 1 日

"你把血弄得到处都是,泥浆和绿色的大便也到处都是,如果鱼不四分五裂的话不会这样。"——美国地质调查局,杜安·查普曼

《明尼阿波利斯明星论坛报》(*Minneapolis Star Tribune*)
标题:高压电能够抵御入侵的鲤鱼
记者:汤姆·莫斯曼,马克·布伦瑞克
2003 年 10 月 1 日

也许用你自己的信息描述一幅图画的最有效方式就是采用与人们相关的类比、隐喻,或者明喻。在大多数情况下,你是理解并且致力于你所从事的议题的一小群人的一部分。所以,当把你的研究或观点与某些更常见的东西进行比较时,要进行务实的而非概要式的思考。

"我们正在见证即将到来的暴雨的前几个雨点。"——国际干细胞研究学会,莱纳德·赞

《波士顿环球报》(*Boston Globe*)
标题:英国允许科学家为研究而克隆人类细胞

记者：加雷斯·库克

2004 年 8 月 12 日

"拉布拉多海就像是全球海洋气候的中央车站。"——华盛顿大学，彼得·雷恩斯

《西雅图邮讯报》(*Seattle Post-Intelligencer*)

标题：气候理论摇摆不定：华盛顿大学科学家考察了北极圈的蛛丝马迹

记者：汤姆·鲍尔森

2004 年 4 月 16 日

"这就好像你驾车穿过几个冰雹风暴，但是情况要比这还糟糕一百倍。"——芝加哥大学，塔纳西斯·埃克诺莫

《克利夫兰老实人报》

标题："星辰号"飞船从彗星尾部采集太空尘埃样本

记者：约翰·曼格尔斯

2004 年 1 月 7 日

把数字和方法论简单地关联起来

记者通常用他们自己的话来报道数据，而非引用科学家的话。相反，科学家的原声摘要被用来把数字放到具体情境中。不过，有时候记者也会在引述中纳入代表一种趋势的数字，或者表明一种时间线的日期。所以如果你想记者引述你提到的具体数据或日期，那就把它变得完美并且用简单的词语解释它们是什么意思。记者不会认为像下述样式的引述会

有用:"我们的发现表明 63.94 秒横向水平运动 21.4 米只需要 $0.0004 \times g$ 的横向加速度。"然而,下面的这个引述表明科学家可以把事情做好。

"在过去的 20 亿年里,这些岩石反复地穿过这个环。"——芝加哥大学,尼格拉斯·多法斯

《巴尔的摩太阳报》(*Baltimore Sun*)
标题:地球上生命的起源可能写在石头里
记者:丹尼斯·奥布莱恩
2004 年 12 月 17 日

"我们真的在没有任何人注意的情况下丧失了 9 亿吨南极虾吗?我不这么认为。你可能期望看到大多数的猎食者在下降,那似乎是不会发生的。"——澳洲南极事务局,史蒂夫·尼克尔

《洛杉矶时报》(*Los Angeles Times*)
标题:南极食物链岌岌可危,研究发现:研究人员说自 1976 年以来南极虾下降了 80%
记者:乌莎·李·麦克法琳
2004 年 12 月 4 日

"如果任何人期盼了解南极洲是否会对气候变暖做出迅速反应,我想答案是肯定的。仅仅 15 年里,我们就看到 150 英里(约 1.6 千米)的海岸线发生了巨大的变化。"——科罗拉多大学,特德·斯卡姆博斯

《新闻日报》(*Newsday*)
标题:南极冰川变薄的速度更快了

记者：厄尔·雷恩

2004 年 9 月 24 日

另外一种贡献原声摘要的方式就是提及该研究的严谨性或方法论，而非具体的数字或日期。

"这个数字是显而易见的。分析也是无懈可击的。这方面不存在不确定性。"——蒙特利海湾研究所，彼得·布鲁尔

《圣何塞信使报》

标题：研究表明：二氧化碳危及海洋生物，化石燃料活动的遗产，海洋化学的变化

记者：格伦达·崔

2004 年 7 月 16 日

"这很优雅。它很漂亮。让人无法抗拒。"——约翰霍普金斯大学，尼格拉斯·卡特桑尼斯

《圣路易斯邮报》(*St. Louis Post-Dispatch*)

标题：华盛顿大学生物学家提高了疾病搜索的效率：可能会带来新的疗法

记者：蒂娜·赫斯曼

2004 年 5 月 14 日

如果你的研究必须带有特定的限制条件，那么确保你同记者讲清楚这些，但是要明白如果你的观点或研究中没有模棱两可的东西的话，那么这会更有可能被引述。

"我百分之百确信这些构造是由微生物所导致的。今天我们在海洋环境的岩浆里看到了同样类型的微观的、管状的结构。"——俄勒冈州立大学，马丁·菲斯克

《亚特兰大宪法报》（*Atlanta Journal-Constitution*）

标题：生命从小处开始，但进展迅速：岩石表明了微生物的早期崛起

记者：麦克·托纳

2004 年 4 月 23 日

用大白话

美国人每年看电视的时间大约为 2500 亿小时，所以政客们喜欢传播那些提及大众文化的信息就不足为奇了。如果在不损害你的信息或声誉的情况下，你对为电视（或电影）所喜欢的某些东西提供信息感到舒适的话，那么就千方百计地这么干吧。记者们也十分可能会利用这种原声摘要。然而，如果你对这种方法感到不舒服，那么就试试俗语或俚语吧。大多数写作指南可能会告诉你要避免俗语或俚语，但是像丹·维尔佳诺这样的记者会鼓励科学家在它有助于传递一个观点的时候使用俗语或俚语。公众非常理解俗语或俚语，所以它们会是把你的要点传播出去的一种好办法。也就是说：

"我们已经开始在亚基瓦谷寻找一种极其糟糕的情况。我们应该把这视为一种鸣枪示警。"——华盛顿大学，菲利普·莫特

《西雅图邮讯报》

标题：此处的干旱可能是自 1992 年以来最严重的：科学家担心干燥的冬季可能预示着西北部的未来

记者：汤姆·鲍尔森

2005 年 3 月 9 日

"我们正在观望这种过山车般的情况是否会继续。每个人都在猜测接下来会发生什么。"——喀斯开火山观测站，威莉·史考特

《俄勒冈人报》(*Oregonian*)
标题：火山的隆隆声让地质学家感到费解
记者：理查德·L. 希尔
2004 年 9 月 28 日

"真是物超所值。"——麻省理工学院，约翰·保罗·克拉克

《波士顿邮报》
标题：研究团队为喷气式飞机着陆设计了一种更安静的方式
记者：加雷斯·库克
2003 年 12 月 21 日

采用俏皮话、双关语

在所有原声摘要中最好的可能就是俏皮话了。这些俏皮话似乎通常都是即兴发挥的评论，但是最优秀的传播者总是会提前准备好这些原声摘要。它们通常都很简短，多半都是聪明的俏皮话，富有见解的叙述被装进三言两语中，或者只是一种强有力的宣言。这是记者喜欢且受众能记住的东西。

"我开始怀疑我以前的怀疑态度了。"——华盛顿大学，劳伦斯·A. 克拉姆

《纽约时报》

标题：恒星的热量使得微小气泡内爆

记者：肯尼斯·常

2005 年 3 月 15 日

"火星上没有多佛尔白崖。"——亚利桑那州立大学，约书亚·班德菲尔德

《洛杉矶时报》

标题：科学档案：有关火星海洋理论的研究争端

记者：乌莎·李·麦克法琳

2003 年 8 月 23 日

"就常识而言，量子力学是荒谬的。"——国家标准与技术研究院，威廉·D.菲利普斯

《商业周刊》(*Business Week*)

标题：让诡异的东西发挥作用

记者：约翰·凯利

2004 年 3 月 15 日

"我们在翻爱因斯坦的垃圾箱。"——哈佛大学，罗伯特·P.科斯内尔

《波士顿邮报》

标题：2003 年十大科学进展

记者：加雷斯·库克

2003 年 12 月 23 日

"我们还没有发现有魔法的精灵之尘。"——卡内基梅隆大学，埃德温·明克丽

《匹兹堡邮报》(*Pittsburgh Post-Gazette*)

标题：一个非常固执的问题：科学家、工程师解决控制或消除看似不可毁灭的多氯联苯

记者：拜伦·史柏斯

2004 年 8 月 23 日

"我匆忙地在地板上找我的下巴掉哪儿了。"——乔治华盛顿大学，伯纳德·伍德

《巴尔的摩太阳报》

标题：在印度尼西亚挖出了小型人类的化石

记者：丹尼斯·奥布莱恩

2004 年 10 月 28 日

"通过在这个问题上设置另外八个'博士后'来看看我们能发现什么会很有意思。"——加利福尼亚大学欧文分校，F.舍伍德·罗兰德

《橙郡纪事报》

标题：加利福尼亚大学欧文分校气候变化研究获得 120 万美元研究经费：担心全球变暖的兰兹角创始人资助八名"博士后"

记者: 盖瑞·罗宾斯

2003 年 5 月 19 日

有些最好的引述会融合不同类型的原声摘要。比如, 下面的引述就把俗语作为了双关语。

"那正是 6.4 万美元的神秘所在。"——皮特生殖生理研究中心, 托尼·普兰特

《匹兹堡邮报》

标题: 研究人员发现了启动青春期变化的基因

记者: 拜伦·史柏斯

2005 年 2 月 1 日

"我们现在知道霸王龙生活放荡, 英年早逝。"——佛罗里达州立大学, 格雷戈里·埃瑞克松

《俄勒冈人报》

标题: 霸王龙长得很快, 但是从来没有买新的运动鞋

记者: 理查德·L·希尔

2004 年 8 月 18 日

下一个引述把双关语同描述了一幅图画的引述结合在了一起:

"一个人的墓碑不太可能这样写, '死于小行星撞击'。但是太空中有很多这样嗖嗖飞来的岩石。"——西南研究院, 克拉克·查普曼

《橙郡纪事报》

标题：自讨苦吃：转移还是销毁？科学家们思考如何避开飞往地球的岩石

记者：盖瑞·罗宾斯

2004 年 2 月 21 日

或者说，先采用描述了一幅图画的引述，然后再把俗语用作双关语会如何呢？

"土卫六上大部分都被冰层所覆盖。我们只是看到了这些信息的一小片段——冰山一角。"——喷气推进实验室（加州理工学院），托伦斯·约翰逊

《橙郡纪事报》

标题：土卫六的图像表明它受到了侵蚀

记者：盖瑞·罗宾斯

2005 年 1 月 15 日

4.3 有关适度的问题

我们对原声摘要的强调并不意味着你需要把一连串妙趣横生的类比和俏皮话串起来。在理想的采访中，你要用能反应你的信息的原声摘要给对话进行调味，然后继续用清晰且简洁的语言来描述其他论点（二级信息）和细节。记者们对原声摘要会有直觉，并且当他们听到需要用到

的原声摘要时，他们就会了然于胸。这也是上述引述最终见诸文字的原因，即使这些并不是被引述的科学家所意欲为之的。

底线在于：在你与媒体进行的所有交流互动中——无论是接受当地报纸中被分配了一般任务的记者的采访，还是接受国内顶尖媒体机构之一中顶尖科学记者的采访——你都应该提前知道你要说什么，以及你打算怎么说。这样一来，记者就会采用你希望他们采用的引述。他们正等着你提供好东西呢。

5

掌控采访

对于大多数科学家来说，接受采访是一种有些紧张的经历。即使你提前准备好了笔记，并且练习了你计划要说的东西，但是一旦采访开始，你就会感觉自己好像任由记者的摆布。你不禁疑惑："记者妥善地记下我说的话了吗？他（她）正确地理解了这个议题吗？这个记者为什么会问毫不相干的问题？如果他（她）犯了错误，我的公信力和声誉会不会受到玷污？"

上述任何一种场景都会让你对一个报道会是什么样子感到不安，这是合乎情理的。幸运的是，不一定非要这样。通过掌控采访，不仅你的采访经历会没那么紧张，而且你会对最终出来的媒体报道感到更高兴。

5.1 谨慎地选择你的用语

记者通常会认为你说的所有东西都应该"记录在案"，并且可以在新闻报道中采用，不论你是在正式的采访中还是闲聊时说的。"私下里说"或"仅供参考"这样的说法是有问题的，因为这些术语对不同的媒体机构有不同的含义。比如，思考一下这个从美国公共健康服务协会（American Public Health Services Association）的刊物《政策与实践》（*Policy and Practice*）中节选的内容："如果你说，'我们能私下里说吗？'并且记者赞同了，那你就是一个非正式协议的一方当事人了，这个协议就是那段时间内你说的任何事情都不能用在新闻稿中。"把这个与来自《投资新闻》（*Investment News*）的节选做一些对比："'私下里说'这个术语被用来指提供给记者的信息，而信息提供者的身份要得到保护的情形。在这种情况下，在采访开始之前就需要提出匿名的要求。"所以在一种界定中，这个信息在记者的报道中是禁止使用的；而在另外一种界定中，它是可以被采用的，但是不能注明来源。在"仅供参考"方面也存在着类似的困扰。美国公共健康服务协会认为，"为记者提供仅供参考的信息意味着他们可以采用在交流对话中传递出来的信息，但是不能注明来源"。《投资新闻》认为，"'仅供参考'的情形是信息提供给了记者，并且只能用它来强调记者看待某个议题的方式"。和很多报纸一样，《华盛顿邮报》敦促其记者要让他们的信源提供记录在案的观点。"如若不行，我们希望信源提供'仅供参考'的东西，以便我们可以在不提及来源的情况下使用这些素材，"《华盛顿邮报》的前执行编辑小伦纳德·唐妮说道，"我们避免让信源'私下里说'，因为那意味着我们决不能采用他们所说的东西，甚至还要去其他地方寻求佐证。"

　　鉴于这些不同的解读，我们给你的建议就是：为了让你对自己说的所有东西都感到舒服，你就应该坚持住并且让它记录在案。然而，如果你需要"私下里说"或是提供"仅供参考"的东西，那么就要与记者在这些术语对于你的采访是什么意思上达成一致意见。在接受采访之前要谨慎地想好这个协议；如果你对其中的任何条款感到不舒服，那么最好拒绝接受采访。

只有一种情况我们会建议你跟记者私下里交流，那就是如果在几年的时间里，你已经与记者建立了良好的信任关系。在这种情况下，记者会像你尊重他一样尊重你，并且他（她）不太可能做任何破坏这种关系的事情。然而，你一开始仍然要记者对这个术语做清晰的解释。

5.2 做好家庭作业

在接受采访之前，你应该做一些研究。记者是谁？他（她）通常的报道领域是什么？截止日期是何时？这个报道的主旨是什么？你能提供什么帮助？多花一分钟时间问一下这些问题可以带来很大的收益。"我经常会问记者是否快到截稿日期了，以及这个报道会有多大的版面，"威斯康星大学麦迪逊分校（University of Wisconsin–Madison）动物疾病流行病学专家托马斯·尤伊尔说道，"这有助于促进良好的、双向的沟通，并且让我真实地了解到他们到底想做什么。"亚利桑那大学（University of Arizona）保育生物学和陆地植物生态学专家盖伊·R.麦克弗森重申了这一点，他说成功的关键在于"在采访的早期（或偶尔在采访之前）就决定这个报道的目标，然而开展一些研究或在思想上做好采访的准备（这通常包括在便签本上写下几个'朗朗上口的'短语）"。

积极传播的克里斯汀·杨克说在每次采访之前，你都要问六个关键问题：

1. 这个报道的话题是什么？

2. 记者的视角是什么？

3. 他（她）的截稿日期是什么时候？

4. 如果这个采访是为电视或广播准备的，那么会是现场直播、录播，还是会进行编辑？（这会在本章后面更详细地描述。）

5. 何时以及在何地进行采访？

6. 记者还有其他信源吗？

这些问题的答案可以让你知道自己该如何接受采访。比如，如果你发现一个在科学报道方面没有经验的综合性记者在撰写一个报道，那么你就要对采访施加额外的控制。来自《基督教科学箴言报》（*Christian Science Monitor*）的彼得·施波茨提供了如下的建议："如果你遇到了在一个主题方面显然没有任何背景的记者——且过于难为情或者过于自大而不想让你提前知道——但是他愿意完成手头的这个议题。你可能就要问他们是否'读过（你的研究）'。如果没有，你就可以确信他们在这个主题方面需要一些额外的关怀了。"

5.3 做好准备再接受采访

花点时间了解记者的需求和专业背景，并且根据你的论题来做相应的准备，这是成功采访的一个重要步骤。不过，有时候你可能会出人意料地接到一个正在寻找信息的记者的电话，而这些信息你一时又想不起来。你可以问一下记者是否约个采访时间，并且花几分钟时间准备一下。

如果记者的截稿日期就在当日，那么你问一下可否 10 或 15 分钟之后再打过来。即使是已经到了交稿最后时刻的记者通常也会等你五分钟，只要他们确信你很快就会回电话的话。

　　有些科学家对毫无准备就开始采访会发生什么提供了一些一手的资料，比如内华达州亨德森的环境污染防治专家卡罗尔·辛格博士。"在正式的采访开始之前，我与《拉斯维加斯评论报》(Las Vegas Review Journal)的环境记者进行了非正式的交谈，"辛格说道，"让我非常懊恼的是，我的一些非正式评论在文章中被脱离情境地引述了。"俄勒冈州比佛顿的水域解决方案有限公司(Watershed Solution, LLC)的河流水质专家劳雷尔·史坦利也遇到了类似的问题。"我最近一次与记者打交道的经历是，在没有事先通知的情况下就要求我做出评论，并且我对这个记者最感兴趣什么也一无所知，"史坦利说道，"我磕磕巴巴地说了很多信息——事后想来，我应该问一下她到底对什么感兴趣或者只选择一个议题来讨论。"

5.4　保持"信息罗盘"上的既定路线

　　在前一章，我们解释了清晰且简洁的信息将如何让你的观点和研究被普通公众所理解，并且可引述的原声摘要将确保记者会采用你想说的话。把这些作为信息罗盘（图 1）上的一些点会帮助你把采访推进下去。如果你有四条主要信息，把一条信息置于正北方，第二条正东方，第三条和第四条分别位于正南方和正西方。这些要点之间就是你的二级信息

（论题）和原声摘要。在每次采访中，努力只利用信息罗盘上的信息和论题。这个方法会帮你实现最终的目标：精确地反映了你的研究最重要方面的一篇报道。

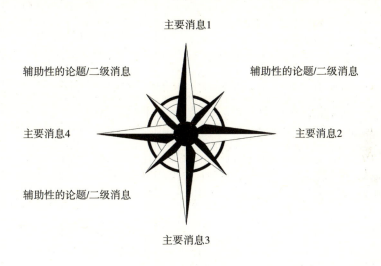

图1　信息罗盘

为什么会是一个罗盘？传统的采访方式是记者提问，然后你来回答，这种模式会让你觉得自己好像是在即兴表演，而非对你想说的故事有所掌控。另外，通过利用信息罗盘可以让你在采访中对你希望自己的信息如何呈现有清晰的观点，并且让你主动地对这些信息进行交流，以便这篇报道尽可能地精确。不管这个采访往哪个方向迈进，你总是知道自己该说什么，因为在每一个方向上都有一个论题或者二级信息。除非你的论题是线性的，否则你就可以合情合理地在这些信息之间进行切换。

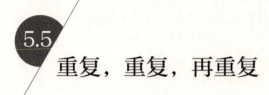

5.5　重复，重复，再重复

　　如果你有一个重要的点需要说明，但是在采访期间只说了一次，那么记者（或读者，或听众，或观众）又怎么知道这很重要呢？所以你需要对这个主要信息尽可能多地去传播，以确保它被传达出去了。"重复是能被倾听到的关键，"克里斯汀·杨克说道。

5.6　偏离路线

　　当记者问到与你的信息直接相关的问题时，坚持你的论题是很容易的。但是当记者的问题偏离了你想讨论的东西时，会发生什么呢？如果你开始用不在你的信息罗盘的内容来回答问题的话，那么记者几乎必然会把这个报道转向你不希望的方向。要避免发生那样的事情，尽快地回答记者的问题，并且回到你的主要信息上来，这会把采访拉回到你希望的方向上来。这个技术被称为"过渡"。

　　特定的短语会帮你制造一种过渡，以让你从不在信息罗盘的话题回到你的主要论题上来。杨克建议采用"那么接下来我会告诉你……"这样的语句来回到主要信息上。其他有用的短语包括"不过我确实知道……"或者"这里真正重要的是……"。比如，有关某个话题的问题超出了你的专业知识，那么在进行回应时，你可以说："我没有研究过那个领域。不过，我可以告诉你的是，我的研究……"或"我不知道这个问题的答案，但是在理解这项研究方面真正重要的是……"。

5.7 采访结束后该怎么办？

重要的是要记住，记者停止提问并不意味着采访结束了。为《新奥尔良时代花絮报》（*New Orleans Times-Picayune*）撰写环境新闻的特派记者马克·施莱弗施泰因说："我建议在采访结束的时候，科学家应该问一些问题，以确保记者理解了这个主题。"《萨克拉门托蜜蜂报》的科学记者伊迪·劳则建议更进一步，他说："如果你是首次跟某个人打交道，并且不确定这个人对主题的理解是否让你满意，那就不要害羞，要求他在完成稿件之前可以再跟你联系。大多数记者都不会把全部初稿给你审阅，但是很多人愿意让你帮忙检查一些段落以保证精确性，特别是技术性的段落。"有些记者，特别是那些为杂志撰稿的记者，会为你提供审阅副本的机会，甚至会要求你帮忙审阅。

野生生物学家沃伦·阿内建议科学家"主动提出帮记者把关他们写的任何东西的精确性和完整性，并不表明要对内容施加控制（有些记者非常欢迎这种做法，有些则会断然拒绝）"。俄亥俄州立大学（Ohio State University）的天体物理学家克里斯汀·赛尔格林补充说："如果在付梓之前，我能对草稿文章进行审校的话，这能带来极大的帮助。我可以找到

86　科学家与媒体打交道指南
来自忧思科学家联盟的实践建议

那些在描述科学方面最糟糕的错误并予以纠正。"

　　彼得·施波茨也赞成你应该要求对素材进行审阅，"但是如果记者说不的话也不要暴躁。"他补充说，"你永远不能把对预出版文章进行审阅作为接受采访的条件。如果你有疑问的话，那就直接拒绝接受采访。预出版的同行评议可能是科学的一部分，但是它不是新闻的一部分。很多出版物禁止在出版之前与信源分享报道。"

　　如果你对通过电话接受采访感到紧张，那你可以要求记者以邮件的形式把问题发过来。这不仅可以让你有多余的时间来构思如何回复，而且还能确保你的引述可以被恰当地采用。

5.8 额外的建议

　　一般而言，无论是接受纸媒记者、广播记者还是电视记者的采访，你都应该用同样的方法来对待。除了截至目前我们提供的建议，请把下面的提示也铭记于心：

言简意赅

简短的回答非常清晰且容易理解。并且它们也是很好的原声摘要。克里斯汀·杨克建议受访者"用20秒钟左右的时间给出简洁的陈述"，特别是在接受电视采访期间。

不要猜测

　　如果你对某个数据或事实不确定，那么就告诉记者你需要去核实具体细节并且会回复他们。如果你的采访是直播形式，那就告诉记者你不知道答案，然后有可能的话通过"过渡"把对话拉回到你的信息上来。韦恩州立大学（Wayne State University）的物理学家艾尔文·塞柏斯坦说他与媒体互动的关键是"坦率，诚实（承认你不知道）以及完整"。如果你需要去核实你的研究，记者也不会瞧不起你。

做你自己

在电视上出镜并不意味着你需要看上去不自然、圆滑或者生硬。密歇根大学（University of Michigan）的地球物理和气候变化专家亨利·波拉克说，"要显得愉快和轻松，不要看上去很严厉和沉闷乏味"。

必要时证明资质

当在一个议题上存在不明晰的地方时，直接告诉记者。路易斯安那地质调查局（Louisiana Geological Survey）及路易斯安那州立大学（Louisiana State University）的地质学家理查德·P.麦卡洛建议你"对你认为恰当的东西证明其资质，并且持续地把这种资质重申为技术内容的总要方面或组成部分"。

不要发火

某些时候，你会发现自己在广播谈话中面对的是有敌对情绪的采访者或者有不同观点的专家。无论他们做出了多么错误或让人发怒的陈述，都不要丧失冷静。平静地驳斥他们的观点，并且把你希望公众听到的信息传播出去。

友好，但是确保专业性

如果一个朋友或同事让记者找到了你，你可能会放松警惕，并且比以往更坦率一些。这很好，只要你坚持自己的主要信息就行。但是不能因为你跟记者相处和谐就做即兴发挥或者说一些你不想出现在媒体上的东西。毕竟，他（她）寻找的仍然是一个报道。

不要假装自己满腹才华（或假装自己无知）

记者没有获得科学方面的高等学位也不意味着他（她）不聪明。为

保证你传播的信息没有高于或低于记者的理解水平，你要问记者你提供
的东西是不是他们需要的。"如果科学家开始意识到记者并没有真正理解，
那就有必要稍微放慢速度并且探讨一下这个问题，"国家公共广播电台
（National Public Radio，NPR）的科学记者理查德·哈里斯说道，"有一件事
会有所帮助——科学家也可能在特定情境下会这么建议——如果我采访的
某个人正在讲专业术语，那我就会转述一下，并问到'这样对吗？这样表
述是一种好的方式吗？'这就给我了一个机会，让我确保我理解了。"

5.9 直播还是录播？

对于广播采访和电视采访而言，重要的是要提前知道这是直播、录
播，还是会进行编辑。直播采访是在你说的同时就通过无线电波传达出
去了。这不涉及编辑，你说的所有东西都会被广播电台的听众或者电视
观众所听到或看到。大多数直播采访只有几分钟的时间，所以你要特别
注意说出你的主要信息，并且要快速地说出来——当你真正接受采访时，
四五分钟的时间似乎过得很快。在较长的广播现场采访中，你有机会深
入地讨论你的二级信息，但是你仍然需要坚持你的信息罗盘。很多听众
会在不同的电台间跳来跳去，并且会快速地关掉收音机，这使得重复你
的主要信息变得更加重要。

录播采访会对采访进行录制，就好像在现场一样，但却是在以后播出
的［比如美国国家公共广播电台的《清新空气》（Fresh Air）］。你应该像现
场采访一样来对待它，因为广播电台希望这个采访是不停顿的。在采访开

始之前，跟记者确定如果你在采访中犯了重要的错误是否可以进行补录。

最后，还有被编辑的采访。这对电视来说是最常见的采访样式，国家公共广播电台和其他广播电台也经常会在报道中使用这种形式。在采访开始前，问一下记者他打算用这次采访的多少。大多数采访都会被编辑成20秒或者更短的时间，这会被转译成一段原声摘要。鉴于此，思考一下你想讲清楚的主要信息是什么，并且要不断地重复。对于较长的编辑片段而言，请采取与较长的直播采访一样的方法。并且，正如理查德·哈里斯建议的那样："不要害怕说，'糟糕，我说错了，让我们再来一次吧。'"

5.10 广播采访

俗话说得好："重要的是怎么说，而非说什么。"对于广播采访而言，你说什么以及怎么说都重要。在你提供信息的过程中听众看不到你的面部表情或肢体语言，所以重要的是要善于表达。单调的声音会让最激动人心的研究听起来也枯燥乏味。在准备接受广播采访的时候，卡普兰传播（Caplan Communication）的艾瑞克·卡普兰建议科学家录下来他们练习回答问题的音频。"在对一个人发言的韵律和音质予以评论和评判方面，没有比这更好的办法了……听自己的声音甚至可以强化经验丰富的发言人的表演风格。"

在通过电话接受采访的时候，可以随意地把你主要信息和论题的信息罗盘放到自己面前，但是不要照本宣科地阅读这些要点。"当人们阅读他们想说的话时，那听上去根本不是他们在与人交流，"理查德·哈里斯说道，"这需要的是交谈。我喜欢与人们进行交谈，并且在交谈期间，他们会说一些让我打起精神的有意思的事情。这完全不需要变成一种表演。只需要听好题目并给予回答就好了。"这普遍适用于现场采访、录播采访和编辑的采访。

在采访期间，卡普兰建议除了要坚持你的关键信息，也要强调一些听众可以获取更多信息的网站。他还强调"呼吁采取行动"的重要性。他说道，"毕竟，在广播中发表看法的目标是影响特定的后果或预期的结果。'让你的听众想要更多'这句格言是正确的。"如果采访你的是一档广播节目，提前问一些有关这个节目的样式的问题。你是为有关某个议题的辩论提供一方的观点，还是一对一的采访？会不会有听众通过热线来提问，还是由主持人问所有的问题？如果你还有任何的担心，可以浏览一下这个电台的网站。

如果你时间紧张，那就接受那些会在早晨或者傍晚开车时重播或播出的广播采访。"在开车时间的采访能覆盖最大也最有影响力的受众"。卡普兰说星期四是一周中播出广播采访的最佳时间，因为"大多数主要的广播宣传、重大发布会和比赛的优胜者都会在那一天被提到"。周末广播节目的受众并不像工作日期间的那么多；然而，如果你是为了练手，那周末是一个很好的开端。

5.11 电视采访

坐在电视镜头前面要比通过电话与纸媒记者或广播记者交流更让

人感到胆怯。但正因为如此，你才需要提前准备好你的信息，以便你对采访的发展方向感到舒适且充满信心。并且，这意味着预先提出问题。"要了解个人采访的指标参数，"卡普兰建议说，"虽然提前预料到所有的问题并不现实，但是可以提前就这次采访的范围或方向跟制片人沟通一下。如果他们都不太清楚，那就要考虑一下你付出的时间是否值得了。"

电视采访也应该融入广播采访同样的要素：3 个到 4 个主要信息，包括"呼吁采取行动"，供观众获取更多信息的网站。

威斯康星大学麦迪逊分校的托马斯·尤伊尔说道，"电视报道是特别有挑战性的，因为这通常只需要几秒钟的镜头，这使得为它提供完整的故事不太可能，有时候还要对精确性做出妥协。"这就是发生在气候学家 / 气象学家史蒂夫·拉多奇身上的事情。"几年前，我就全球变冷以及'反常天气'的问题接受了 CBC-TV 的采访，"他说道，"在回顾了涉及气候变化和重要变量的很多理论之后，我半个小时的评论被编辑成了一句话：我们还不知道会发生什么。这个节目在接下来的 20 分钟一直聚焦于对一个居住在北部森林地区的农民的采访，他说冬天会很糟糕，因为鼹鼠皮都比往年的长。"

在大多数情况下，你会坐在椅子上，而镜头会放在偏离中心的一个地方来进行录制，虽然有时候站着录制会更合理，特别是如果你在外面或者使用道具时。对于坐在椅子上接受采访而言，卡特建议说："不要让你的外套包住你的脖子。端坐在后部，目视采访者，而非电视镜头。"艾瑞克·卡普兰鼓励受访者如有可能就要让自己置身于恰当的图案或背景板前面；你的大学或公司可能会有带有标识的横幅，或你可以使用的网站。有时候，摄像团队会为你的采访提供有意思的"视觉背景"，比如实验室。如果背景板不适于你的专业知识或让你感到不舒服，那就简单地解释一下为什么他们的建议行不通，并且提供一个解决方案。

5.12 注意衣着

任何会让观众从你的信息中分心的衣着或配饰都应该留在家里。如果你是在现场或者实验室接受采访，就要穿适合那个场景的服装。对于办公室采访或者演播室采访来说，职业装非常合适且很舒适。克里斯汀·杨克提供了下面的衣着选择：

女性

- 正装、连衣裙，或衣裤套装
- 有纹理的织物：毛织品，亚麻制品，棉织品
- 色彩丰富：蓝绿色，深紫色，红色（选择讨人喜欢的色调）
- 淡黄色或淡粉丝的上衣
- 用粉底化妆；艳光唇膏
- 消光处理（或亮面）的首饰，比如珍珠
- 无框眼镜或浅色镜框，非反射的镜片

男性

- 灰色或深蓝色的正装或西装
- 长袖的米黄色或灰色衬衫
- 简单图案的领带
- 打粉底以防止反光
- 穿长袜以便坐下时盖住脚踝
- 无框眼镜或玳瑁色镜框，非反射的镜片

每个人都应该避免

- 黑色，白色，以及闪光的织物
- 密集图案，比如羽状图案，条纹状，格子，或繁花似锦
- 大，晃来晃去，或闪闪发亮的首饰
- 会反光的亮金色或银色首饰

5.13 如果报道不令人满意

　　尽管你做了最大努力，有时候记者会无意地误引了你的话，或不精确地描述了关键信息。如果出现这种情况，你应该立刻让记者知道，以便媒体机构可以发布更正以及记者可以得到反馈，那么他（她）下次就不会犯同样的错误。马克·施莱弗施泰因鼓励科学家："要求做出更正，如果他们对记者的反应不满意，他们应该继续向记者的上级反映，直到满意为止，如有必要，他们可以一直反映到报纸的出版方那里。为什么不呢？企业一直都是这么干的。"

　　在你提出自己的不满时，要总是彬彬有礼且显得专业。"要理解记者有着不切实际的截稿日期，这可能会在他们的报道中带来一些错误，"施莱弗施泰因说道。如果你对标题感到不高兴，请记住记者通常不会撰写（或者，直到出版前才见过）标题。类似的，杂志的封面报道或者特写有可能会有一个编辑写的导语（放在文章前面）。理解这些差异能帮你有效地把你的问题告诉记者，并且让他们快速地解决。

记者最信任的信息源：你

记者的工作就是找到新闻并且通过纸媒、广播或电视告诉公众。他们不能总是靠自己来发现这些有新闻价值的事件。记者有"信息源"——让他们及时了解以便他们可以尽自己的职责的人。在与媒体共事的时候，成为信息源应该是你最先考虑的事情之一。

成为记者的信息源的另一种说法就是你和记者形成了工作关系。杜克大学（Duck University）保护生态学主席桃瑞丝公爵斯图亚特·皮姆说如果科学家与记者建立了长期的关系，那么记者将"知道他们可以在某个报道上依赖你，如若不能，你也会向他们提供那些他们可以依赖的人的名字"。

实际上，成为一个信息源对你和记者来说都有很多好处：

1. 让记者了解最新消息。通过与记者建立工作关系，你可以在重要的科学议题方面建立一个公开渠道以向记者提供最新消息。这可能包括促使记者注意他没有意识到的重要研究，对记者可能会误解的研究和政策发展提供情境，或者就你的研究和其他科学家的工作为记者提供最新消息。你与记者持续的接触在确保他们获得那些让他们做好自己的工作所需要的所有事实方面会大有帮助。只要双方持续地尊重彼此的制约因素，这种传播的通路就可能仍然是开放的，比如截止日期和工作负担。

2. 成为一个随叫随到的专家。一旦你成为信息源，记者就有可能就你专业知识领域相关的报道给你打电话，要求你提供引述，评论或背景信息。你也可能会被要求对事实进行核实。密歇根州立大学（Michigan State University）、北卡州立大学（North Carolina State University）以及斯坦福化学公司（Stauffer Chemical Company）研究生物化学以及分子生物学斯图尔特·弗莱施曼说，作为一个信息源，"当出现某个议题的时候，你是他们想起来要打电话并请求做出评论的人之一。"

3. 增加你的研究或观点的可见性。设身处地地为记者着想。如果你的工作是寻找有意思的报道和可靠的专家来提供引述，难道你不更有可能去从随时与你保持联系的那些你知道并信任的科学家那里获得评论吗？不与记者保持联络的科学家通常不会突然地接到电话，因为记者不知道他们有要说的东西，也不知道他们能说得很好。通过与记者建立工作关系，你可以与他们有更多的接触。你的观点和想法也会得到考虑，单凭这一点，你出现在新闻中的概率就会增加。

4. 平衡报道。记者和你一样都有名片收纳盒，在这些收纳盒里的是他们在写报道时可以求助的信息源和专家的名字及电话号码。但是你怎么知道这些收纳盒里的人不是那些与你持相同观点的人呢？即使他们与你持相同观点，你的视角就不同样重要了吗？你与记者的工作关系有助于引导他们的报道。在他们开始撰写报道的时候，你就可以出现在他们身边，而非是在你阅读完晨报之后。

记者可能在你关注的一项研究发布之后或者在一项新的公共政策宣布之后联系你。根据你的建议，记者可能会改变一篇报道的视角或者完全放弃他原来的角度。"如果我与记者建立了良好的关系，"弗莱施曼说，"记者会在与持相反观点的人交流之后打电话问我的回应。我也认为这有

助于告诉记者你希望反方希望说什么（在你所知的程度上），并且提前给
出你的回应。这种方法在记者联系另一方之前就给他们'提前加载'了
尖锐的问题。"

5. 搜寻有价值的信息。虽然科学家是记者的信息源，但是有时候这
种角色却是对调的。比如，假设一个因其粗制滥造的方法而臭名昭著的
组织将于明天发布一份报告，而该报告错误地使用了你的一些研究。如
果该记者提前获得了副本，那么他（她）会在该报告公之于众之前打电
话给你获取一些评论。你可以用对媒体的统一回应来对某一个媒体进行
回答，这是一种智慧。或者，如果这个记者提前给你报信，那你就可以
争取其他同事的支持以在该报告发布之时做出回应。

6. 打开另一扇门。如果你与记者建立了稳固的工作关系，他（她）
可以帮你开拓其所在媒体的其他领域。比如，你居住在北卡的三角研究
中心（Research Triangle），并且与《罗利新闻观察家报》（*Raleigh News-
Observer*）的记者建立了工作关系，那么他就可能会向你推荐该报纸的社
论主编。或者，如果你想写一篇评论文章，也许这个记者会向你推荐其
所在媒体的评论主编。

作为科学家，你在成为记者的信息源方面有着有利地位。你在"发
现某些事情"并且理解某些人不理解的事情方面有着公信力。你的资历
和所接受的培训会即刻地让你成为评论与你的工作相关的议题的专家。
你可以对自己大学的新研究进展或国内其他地方开展的研究为记者提
供信息。你可以对当地、区域或国家层次上的与你专业知识相关的政
策发展提出批判。你甚至可以成为更一般意义上的科学议题的倡导者。
但是只有记者知道你的存在并且知道你会如何帮助他们，你才可以做
这些。

6.1 如何成为信息源

你可能会大吃一惊，但是大多数记者都欢迎科学家给他们打电话讲一些有意思的事情。《新奥尔良时代花絮报》的马克·施莱弗施泰因说："每当科学家有他们认为具有新闻价值的东西或者具有争议的东西时，我都敦促他们跟我联系，即使他们没有的话也可以。"

斯图尔特·弗莱施曼注意到："我已经发现最好的技术就是开始同记者进行联系，花点时间（面对面或通过电话）清晰地解释一个议题，确保你给记者提供很多机会来问澄清式的问题，并且敞开大门，欢迎他们回电来进行澄清或做跟踪报道。"

一旦你知道了记者对什么类型的话题感兴趣，你就可以进入他（她）寻找新闻的侦查范围之内。记者一直在跟专家和信息源会面，所以你不是在着手做任何不寻常的事业。《纽约时报》的科学记者安德鲁·列夫金说："在日常新闻截止日期的压力之外科学家和记者谈的越多，公众——通过媒体越有可能在如何投入稀缺资源或改变个人行为这些困难问题的辩论中意识到科学能提供什么、不能提供什么。"

和记者建立的关系就像任何关系一样——它们是建立于互相尊重和理解，共同兴趣及信任的基础之上的。它们也会随着时间的推移而成熟起来。虽然有些记者和科学家是铁哥们，但是与记者建立关系通常不是交一个新的最好的朋友的问题。它也不是位于战线上的敌对双方之间的和解。你应该为形成友善且专业的关系而奋斗，就像你与其他部门的或不同机构的同事打交道一样。但是，不要忘了不管你们之间的互动有多么友好，你说的任何事情都可能出现在纸媒或广播中，除非你明确地做出了其他安排（更多有关记录在案和私下里说的问题，请参考第五章）。

　　基本事实是很多科学家从来不会大胆地亲自去接触记者，当他们这样做时，也只是他们有研究成果需要发布——即使如此，最经常的做法也是通过新闻通稿或者大学里媒体关系部门的工作人员。这是科学家所犯的与媒体相关的最大错误之一。"我几乎很少接到科学家的电话。"《巴尔的摩太阳报》的科学记者大卫·科恩说道。你应该与至少一个记者建立并维持关系，以让他成为你持续进展的专业工作的一部分。"如果科学家有一个伟大的立意，那就打电话给我，"科恩说道，"我们也是人。接到那些收费推动媒体报道并且对一个议题不甚了解的公共关系人员的电话更烦人。我更愿意与那些对自己的研究感到兴奋的科学家的电话。"

　　退休的俄勒冈州野生生物学家沃伦·阿内强调了成为一个信息源的重要性："我们试图对当地媒体主动出击——告诉他们我们有一些我们认为具有新闻价值的东西。结果，我们经常在这些事件上得到积极且有建设性的报道。媒体甚至会在一篇报道或稿件发表之前给我们打电话，他们认为这对于确保事实正确性是至关重要的——如果我们指出其中的重要事实性错误，他们甚至会终止出版那个稿件。"

　　以记者而非"媒体"为目标。在美国，共有2370份日报和周报，1748个电视台，13525个广播电台，以及几千个其他的专业杂志及独立新闻网站。没有科学家有空去接触哪怕是这些媒体机构的一小部分。即便有人真这么做了，很多这些媒体机构也未必会对这个科学家所说的内容感兴趣。他们有不同的受众，因而对新闻有不同的需求。这也是你不能把媒体看作是一个巨大且无定型的产业的原因，相反你应该把其视为尽他们最大努力来做好自己的工作的个体。如果你采用这种方式来对媒体进行分解的话，那么你就可以开始去识别那些可能对你的工作感兴趣的具体记者了。

地方一级是对媒体产生影响的最容易的地方，特别是如果你以前从来没有与媒体打过交道的话。"我们当地报纸的环境记者是特别有激情，充满智慧且乐于倾听的。"新泽西米尔布鲁克生态研究学院（Institute of Ecosystem Studies）的生态学专家戴维·斯特雷耶说道，"（记者）经常会联系我们获取信息（并且对我们可以提供什么类型的信息有好的建议），并且对我们有关新闻报道的建议做出回应。结果，我们的研究经常且精确地出现在报纸中。"

除几个全国性媒体机构外，比如《纽约时报》，如果能有所选择的话，记者会引述当地专家的话。大卫·科恩说："我认为自己是一个全国性记者——但是我的老板却希望我们报道当地的大学。"理由很简单。首先，当地专家对当地情况最为了解。其次，当地媒体机构通常理所当然地认为他们的受众对当地专家的话更感兴趣。比如，如果你在华盛顿大学教书的话，与位于佛罗里达的《圣彼得堡时报》（St. Petersburg Times）的记者相比，《西雅图时报》（Seattle Times）的记者更有可能对你的工作感兴趣。类似的是，得克萨斯大学（University of Texas）的教授更有运气成为《奥斯汀美国政治家报》（Austin American-Statesman）的记者而非罗得岛普罗维登斯的电视制片人的一个信息源。

除非你在当地广播和电视台上有明确的选择，否则就从联系当地报纸的一个记者开始。不仅报纸更有可能会报道你的议题，而且广播和电视中讨论的报道首先也是出现在纸媒中的。如果科学议题完全被忽视了或只出现在全国通讯社中，比如美联社，你应该寻找对最近的议题进行报道的记者（比如，可能有记者对你的大学的其他进展进行过报道，或者上个月就当地环保议题或健康相关议题撰写过文章的一般记者）。

对报道进行监测

这一点似乎很明显，但是在媒体上，你需要自己来消费有关报道。如果你还没有在当地报纸、当地新闻广播或当地电视节目上阅读、收听或收看报道的话，那么就这样做一下。我们不是建议你给你原本就繁忙的生活增加另外的工作时间。每天只需花几分钟精读一下当地报纸，每个月耐心看几个电视片段。对广播谈话类节目也是如此，很多美国人近来通过广播收听新闻。如果你期望自己成为新闻（或者制作新闻的过程）的一部分，那就关注一下你以前可能忽视掉的一些细节。记者是谁？谁在广播中发表看法？记者在这个报道上的视角是什么？

密切注意一下哪个记者报道的议题与你的专业方向最为相关。比如，《纽瓦克明星纪事报》（*Newark Star-Ledger*）有一个科学记者，而《奥马哈世界先驱报》（*Omaha World-Herald*）有一个记者既报道科学议题，也报道环境议题。在较小的报纸上，可能有每天报道不同议题的轮岗的一般记者团队。当然，在某些情况下，当地媒体机构可能把科学报道排除在外，从而让你更有理由去了解一个报纸或电台的记者。

安排一次会面

你同记者起初的互动仅是为了为以后的合作奠定基础。初次接触的目标是介绍自己并且要求会面，这不足为奇。在初次交谈中，你应该简要地解释你的专业知识领域，然后建议另外安排时间交流，这样你就能与记者分享更多你的工作，更多地了解记者的节律，以及他对什么议题最感兴趣。大多数报纸都有自己的网站，你可以从中找到新闻编辑部的电话。如果不行，那就看看报纸本身或电话簿，打电话到报纸的主机。《波士顿邮报》的科学记者加雷斯·库克说："一般来说，打电话给记者的最佳时间是早晨，那时他们不太可能面临着巨大的时间压力。"即便如此，你永远都不知道记者是否正处于调查某个故事的中间阶段。如果总服务台的某个人接听了电话，那就让他直接转接给记者。如果你遇到了自动接听，下面是你可以留言的一个样板：

"你好，我是凯斯西储大学的萨拉·利特菲尔德博士。我注意到你为《克利夫兰老实人报》撰写科学议题的报道，我想与你联系对我会有所帮助。我在伊利湖（Lake Erie）就鱼类种群开展了研究，并且想跟你说说我的工作。我想找个时间跟你聊聊或见个面。对你最感兴趣哪种类型的报道，我也想多了解一些。你可以通过下面的方式联系我……"像这样的信息可以告诉记者你有一些有用的东西要跟他（她）分享，并且十分有兴趣了解你如何可以帮到他（她）。

如果记者回电话了，你的说法还是大同小异，除开头外，你要确保他（她）没有处于撰写一篇报道的中途或者面临着截止日期。此时，你可以这样开头："你好，我是凯斯西储大学的萨拉·利特菲尔德。你有时间吗？"如果记者有时间的话，利特菲尔德博士就可以复述上述的话，并且安排时间稍后详谈。如果记者正在忙，那就问一下什么时间打电话过来合适。

邮件并不如电话交流个性化，因而不是建立关系的理想选择。然而，如果你觉得利用这种方式更舒适的话，这总比不去接触好一些。有些报纸会在报道的末尾印上记者的电子邮件地址，但是大多数都不会，所以你可能需要打电话给报社的主机，或者咨询前台人员或采编部门的人来获取记者的邮件地址。通常人们喜欢通过电话分享信息。如果不是的话，那就请求转到记者的语音信箱。起初通过邮件进行接触的益处是记者可以在闲暇时阅读信息，所以你就可以知道你不会在他（她）正处于调查或撰写某个报道的中间去打电话。其劣势在于记者的邮箱塞满了信息，所以你的信息有可能被忽视或遗漏掉。

花点时间会面

面对面交流是了解记者的最佳方式。走出办公室，记者就不太可能匆匆忙忙了。氛围也会比较放松，并且可能会有更长时间、更有意思的交谈。你们双方都有机会把面孔和名字对上号，甚至可能彼此了解一些与工作无关的事情。

午餐是与记者会面的最佳时间，因为这符合报纸记者一天工作的节奏。早餐时间会面是另外一种选择，虽然对某些记者来说早餐时会面不太方便，特别是他们前一天晚上工作太晚的话。下午的截止日期通常让晚餐时会面毫无可能。如果你可以的话，尽量在记者的办公室附近与他们见面。他们用在路上的时间越少，他们和你交流的时间就越多。

如果你约了和记者吃午餐，那你要来付账，因为这是你的提议。记者可能会接受，但是更有的可能的是他（她）坚持付账或 AA 制。记者有礼仪和道德标准。他们不想让人们觉得他们是为了金钱（即使他们的餐费很少）才互相帮助的。如果记者确实买了单，那也不要大惊小怪；只需要说谢谢。

如果你觉得与记者在午餐时会面不太自在（实际上你真没必要那样，因为记者一直在午餐时间与信息源会面，并且也许无论如何都会抽出时间离开他们的办公桌），另外一个选择就是邀请记者来你的办公室。如果这可以让你做一些"展示和说明"的话，那就特别有用。你实验室中有哪些能让你的工作有活力或让它更易于理解的东西吗？你所在的部门里有你希望记者去会见的其他科学家吗？

如果其他的地方能让你更好地传播你的信息并把图像和语言关联起来的话，那就考虑一下这个选择。西华盛顿大学（Western Washington University）真菌学和地衣学专家兼位于华盛顿贝灵汉姆的生物咨询公司的所有者弗雷德·罗迪斯在徒步旅行的过程中与当地报纸的环境及休闲记者分享了他的专业知识。这个记者撰写了一个名为"原始之物（Wild Things）"的定期专栏，该专栏以当地的微生物为特色。"我感觉她在为报纸的读者提供一种非常真正的教育服务，"他说道，"因为我生命的一个目标就是促进有关'小微生物'的知识的增加，我全心全意地支持她的项目。"偶遇也是开始建立关系的一个好时机。密歇根大学实验凝聚态物理的专家迈克尔·布雷茨说他于一次大型会议上与《科学》杂志的记者建立了工作关系。他说："我们是在那里认识的，后来的电话交流就很低调且富有成效。"

大多数记者都会接受你的上述邀请——这种偶遇也是他们工作的一部分。拒绝这一邀请的记者很有可能是正面临着重要的截稿日期并且通常愿意晚些时候与你会面。然而，有可能记者会建议在他（她）的办公室见面。如果这对你来说很方便的话，那就接受该邀请。这样的会面可能比在其他地方更匆忙一些，但是也可能是你与记者建立关系的最佳开端。这还可以让你有机会看到记者的工作环境（你甚至可以要求简要地浏览一下报社的办公室）。

如果日程安排或者距离使得当面交流不太可能，那就安排一定的时间通过电话进行长时间的对话。电话交流的缺点在于记者仍然被拴在办公桌前，可能会被其他电话、邮件、编辑部里的嘈杂声，甚至是电脑屏幕上的文章所分心。整个互动会更敷衍一些。然而，这总好过不去接触记者。

准备你的信息

一旦安排了初次会面，就要像接受采访一样准备（有关采访的更多技巧参见第五章）。提早思考一下你的主要信息。这些是你希望确保记者在会面结束后能够记住的一些有关你工作的细节。着眼于3个到4个要点——你不必对整个情况面面俱到。记住，你此时的目标是建立长期的关系，还有采取后续行动的机会。你希望向记者展示你的工作很有意思，也很重要——或者你对政策议题的观点是有意义的——并且你是一个优秀的信息源。

在会面时，保持放松，但要专业。确保你说的所有东西都记录在案，即使记者没有做笔记（他们可能会记住一个要点，随后会向你询问）。下面是一些你在与记者初次会面时我们建议的一些小技巧：

（1）占据主导地位。在彼此自我介绍之后，立刻转入你为什么要求会面的原因上。你可以这样开头："我想给你提供一些我们正在研究的有意思的项目，同时也想多了解一些你及你的编辑正在寻找什么样的报道。"然后就开始交流。记住，是你提议的会面，所以在主导交流方面你应该感到舒适。

（2）切忌长篇大论。占据主导地位不是许可你独揽对话。如果你爱自己的工作并且对此感到兴奋，你可能会持续地谈一段时间。这会导致逆火效应，因为你的信息可能会被泼冷水，甚至是被忽视。确保记者也有机会说话。

（3）向记者提问。很多记者不会平白无故地谈论他们自己的工作。但是，像你一样，大多数记者都喜欢自己的工作，所以如果你能让他们开始发言，他们可能会与你分享有关他们工作、报道、编辑、截稿日期等的信息。这些信息是有价值的，因为这能帮你更好地理解如何以有用的方式来呈现自己的研究和观点。在会面期间你可能想问记者的问题包括：你的报道范围（beat）是什么？近期你喜欢报道的故事是什么？你在寻找那些报道角度？你的读者对象是什么样的人？

（4）让记者知道你会如何提供帮助。你的主要谈话要点应该让记者了解你的工作和专业知识。但如果恰当的话，要让记者知道你跟科学共同体内其他相关学科的关联，或者你正在跟踪全国性的或当地的科学相关政策。如果记者正在寻找对一个议题有所理解或能够提供引述的专家的话，那么你可能恰好可以提供帮助。

（5）记住要言简意赅。我们在前面的章节已经强调过，用记者（以及记者的受众）可以理解的语言来传播你的信息是重要的。再说一次，我们不是建议你简化你的信息，或者故意屈尊；只是要清晰且简洁。记者知道你很聪明，所以在让记者了解晦涩难懂的科学信息方面不要有压力。如果他（她）没有理解你的信息或认为你的语言对普通公众来说技术性太强，你可能就搞砸了自己的机会。这个基本规则的一个例外就是当你跟接受过高等教育或在你的领域中有所专长的记者进行交流时，你可能会说一些专业术语。在你呈现自己的信息时，应该提供多少细节，你可以问一下记者。

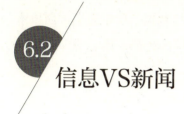

信息VS新闻

在与记者交流时，请牢记信息和新闻之间是有巨大差异的。信息是为一个故事打基础或填补空白的背景和情境。另外，新闻是对媒体机构的大部分受众来说相关或有意义的新信息。新闻通常才是媒体机构想要去报道的。

在联系记者之前，无论是初次接触还是常规联络，都要决定一下你是否有信息或新闻需要传播。如果是新闻，你就需要以传达其及时性及重要性的方式来进行交流。通过告诉记者你有新闻要分享，你就是在要求记者把他（她）手头的工作搁置一下。另外，如果你有一些关于你工作的背景信息或其他一般信息，你就需要明确你的信息不是即时性的新闻，因而也不是特别急迫。

何为新闻？你怎么知道自己要说的东西具有新闻价值呢，特别是它眼下还没有获得媒体的关注？在这方面，对当地媒体机构的监测会有所帮助（要注意，对一个新闻机构有价值的东西未必适合于另外一个机构）。你还应该自问以下的一些问题，以决定你是否有一些有新闻价值的东西，或者你是否可以做一些有新闻价值的东西。

（1）是当下发生的吗？如果答案为是，那么这个故事就可以被视为"突发新闻"。（你还应该能够对下列一个或多个问题给出"是"的答案。）突发新闻意味着这个故事是极其及时或紧迫的。如果你意识到了突发新闻，那么你就应该即刻给你培植过关系的记者打电话。下面是美联社对突发新闻的一个介绍：

"通常到目前为止哥伦比亚河（Columbia River）中的努克三文鱼会在春季跨过鱼梯洄游到上游孵出成千上万个鱼卵，'今年出现了前所未见的稀缺，'哥伦比亚河部落间鱼类委员会（Columbia River Inter-Tribal Fish Commission）的查尔斯·赫德森说道，'我们远远地落后了，甚至低于1994年到1995年的历史最低年份。'"

（2）这是新发现吗？记者喜欢报道新研究或新发现。《基督教科学箴言报》的彼得·施波茨寻找的是"成果导向的故事"，涉及"以重要的方式推动了一个领域的发展的研究，成为'传统观念下的'研究问题带来了曲折情节的研究"。《科学》《自然》和大量其他的科学相关期刊是大量的这些新闻故事的来源，大学和其他研究机构也一样。《旧金山纪事报》（San Francisco Chronicle）的文章是一个很好的案例：

"在对5亿多年前的化石记录进行了艰辛的计算机研究之后，加州大学伯克利分校的两名科学家发现了一个模式，那就是地球上的生命以令人惊讶且神秘的规律性每6200万年就会经历一次从兴盛到毁灭循环。"

要记住，这篇文章并不仅仅因为它是一个新发现；而且它还出人意料。

（3）它会影响人们的生活吗？你的研究对普通人意味着什么？这会对他（她）的生活质量有影响吗？对当地经济有影响吗？记者通常寻找那些与人们的生活产生共鸣的新闻故事；与儿童相关的话题特别能够引起共鸣。比如，下面是加利福尼亚的《康特拉科斯达时报》（Contra Costa Times）上有关儿童健康议题的一则报道的导语：

"全国第一个对儿童呼吸系统疾病与交通污染之间关联的研究发现，上学路上经过繁忙街道和高速路的儿童患哮喘和支气管炎的概率会升高7%。"

来自《华盛顿邮报》的导语如下：

"你有没有想过为什么儿童不能击中垒球或网球，即使你扔的速度很慢？"

"这很容易理解，"视力科学家特瑞·路易斯说，"孩子无法判断慢速，他们甚至不知道这个球在运动。解决方式是：多给他们一些动力。他们会做好的。"

（4）它会影响人们在意的地方吗？如果一个故事对人们或公共政策有直接影响，那么它更有可能被认为是有新闻价值的，但是也有一些科学故事以人们在意或认为有意思的地方或自然的一部分为特征——海洋、野外生命、银河系。位于佛罗里达的《布雷登先驱报》（*Bradenton Herald*）的一篇报道的开头是这样写的：

"南佛罗里达的珊瑚礁会持续下降，几乎成了'瓦砾、海藻和黏液，'除非政府采取更强有力的措施来保护它们。"

（5）是否存在冲突？记者喜欢那些具有争议的或展示出传统智慧存在错误的证据的报道。这也是为什么一些记者仍然将全球变暖的议题报道为似乎大多数气候科学家对这个问题并未达成一致。记者所需要的只是一个科学家对这共识提出挑战，从而产生一个有新闻价值的报道。但是争议并不需要只是存在于科学家之间的。也许你研究的是土地所有者和环保人士存在争论的濒危物种的。或者一个社区在一项新的政策提案方面与当地政府意见不一。下面是一个来自北卡杰克逊维尔的《每日新闻》（*Daily News*）的案例：

"在到了把当地东岸牡蛎列为受威胁的或濒危物种的时候了的主张方面，一些环保积极分子和渔业监管人员不确定他们是否认同这种请求。北卡海岸联盟（North Carolina Coastal Federation）的执行主任托德·米勒认为，这也许是引起人们关注污染所带来的困境的好方法，不过牡蛎也许并没有达到濒危的条件。'我不认为我们达到了那个条件——特别是在北卡，'米勒说道。"

（6）它不寻常吗？记者喜欢不寻常的故事。这些故事的视角可能是好奇、搞笑，甚至是震惊。《西雅图时报》（*Seattle Times*）上一篇有关人类远古祖先的报道的导语是这样写的：

"尼安德特人的腰围持续地增加。根据位于纽约的美国自然历史博物馆（American Museum of Natural History）总技师，人类学家加里·索耶以及曾经的雕塑家、现在是华盛顿大学人类学博士研究生的布莱恩·马莱的观点，我们人类的表亲——科学家认为灭绝于大约 3 万年前的一个物种——让现代人的腰部呈黄蜂状。"

（7）它与新闻中的其他事情相关吗？在思考对一个科学故事进行报道的请求时，记者通常会问的问题是"我为什么要现在写？"。不要被这种问题惊吓到。你只是想把你的信息跟"新闻线索"联系起来以让它跟读者相关。比如，如果一年前你发布了一个报告，记者也许认为这不足够新颖。但是如果你当地的镇议会正在讨论与你的研究工作相关的一项新举措，记者可能会把你的信息作为这个报道的一部分。或是世界其他地方发生的惨剧会为记者提供一个契机，就这种事情发生在离家很近的地方的可能性写一篇报道。《芝加哥论坛报》（*Chicago Tribune*）中一篇文章的导语就是这方面的一个优秀案例：

"一群科学家在周二的时候警告说，由于没有先进的预警系统或设备来探测大西洋的巨浪，美国的东海岸仍然极易受到像 12 月 26 日重创东南亚的海啸的影响。"

（8）它与某些重要的人和重要的事有关联吗？名人或著名的地方经常出现在新闻里。这也是你在杂货店排队付款时看不到有关迈克尔·杰克逊或詹妮弗·洛佩兹封面报道的原因。（至少在大众文化中）没有很多明星科学家，但是也许你的工作与当地感兴趣（大型研究实验室）或全国感兴趣（黄石国家公园）的地方相关。下面是《圣地亚哥联合论坛报》（*San Diego Union-Tribune*）关于科罗拉多河的一篇报道的一部分：

"4 月 4 日，政府机构与水利水电供应商组成的联盟计划在内华达的胡佛大坝（Hoover Dam）举行庆典，为耗资 6.26 亿美元的为期 50 年的保育蓝图揭幕。一个主要目标是改善科罗拉多河下游长须鲸和其他 25 个物种的生存概率。"

（9）它与周年纪念日相关吗？记者把报道和周年纪念日（特别是 5 的倍数）关联起来是特别常见的。如果你想在新闻里寻找这些关联的话，你会注意到它们发生的频率。比如，如果你研发了一个更高效的电动机，2007 年 2 月 11 日爱迪生诞辰 160 周年会是讲这个故事的完美时间。在圣海伦火山喷发 25 周年的当天有很多报道，下面是一篇报道的节选：

"对于很多人来说，25 年前的圣海伦火山喷发是 21 世纪必看的事件，除非烟灰云让他们啥也看不到。"

"'1980 年我 13 岁，我在马萨诸塞州看到了这个场景，'温哥华的地质学家赛斯·莫兰说道，'我紧紧地盯着电视屏幕。'"

"圣海伦火山最近表明它仍然吸引着人群和摄影者的目光。"

"但是现在火山观测活动包括了对未被看到过的东西的研究。莫兰和美国地质调查局的科学家可以远距离监测火山活动，他们利用的是一个设备工具箱，自 1980 年 5 月 18 日圣海伦火山创造历史以来，该设备工具箱已经进行了更新。"

（10）它会触动人们的感情吗？你是否曾想过为什么鲸鱼搁浅海滩会成为头条新闻？这并不是因为它具有全国性的启示。电视制片人知道在家里看新闻的人会为这种动物感到悲伤。我们不是建议你制造一些拨动大众心弦的事件。但如果你有一些搞笑、悲伤、动人，甚至是令人不快的故事的话，记者更有可能认为它有新闻价值。如果你的主题是一个人名的话，那会更好，《波士顿邮报》一篇文章的第一段就是例证，也有一些生动：

"科学家可能从来不知道是什么导致了名为灯塔的座头鲸的死亡，它的尸体在上周末被海水冲到了纽科姆空心海滩上，因为科德角的研究人员发现这个哺乳动物的内脏已经严重地变质了。"

6.3 少即是多

　　对于你的首次会面，以及一般而言，最好在克制宣称某些东西具有新闻价值方面大胆一点。在初次会面之后，如果你不确定这是否是"新闻"，你还可以打电话或写邮件告诉记者。确实，你与媒体打交道的一个重要部分就是你给记者提供信息。这也是维持你与记者关系的通货。如果你心中还有什么问题的话，就不要公开地说你"有大新闻"。实际上，你只需要展现最好的一面——凸显本章前面讨论过的标准——并且让记者来决定。然后在与记者的交流中着眼于你的主要信息和二级信息。

6.4 上升到高一个层次

　　我们的猜测是，有会发现与记者会面非常有启发性，也许还有一点有趣。每年都设定一个目标，与几个记者建立关系，但是多多益善。正如我们建议的那样，从当地报纸的记者开始。然后从现在开始的 6 个月（如果你有时间，也可以更短一些），打电话安排与当地报纸的社论主编、城镇的国家公共广播电台附属机构的记者，或者当地电视台的记者会面。

　　很多记者把当地机构作为进入更大媒体机构的踏板。几年之后，曾为《达拉斯晨报》(*Dallas Morning News*) 撰写报道的记者可能会为《新闻周刊》撰稿；报道过你的大学的记者可能离职去了《早安美国》(*Good Morning America*)。你永远不会知道，所以努力让这种关系长久一些。如果一个记者确实离开了，确保认识他（她）的接替者。

一旦你与当地记者建立了良好关系，你就可以考虑去结识区域的和国家层面的记者了。（本书后面的资源部分列出了大多数主要媒体机构的联系方式。）

这里的关键是要有优先顺序。如果你住在爱荷华并且研究的是草原，那么联系其他有平原地区的州的记者而非打电话给《华盛顿邮报》会更好一些，除非你有非常独特的故事或者全国规模的故事。类似的是，如果你研究的是全国性或全球性议题并且让人震惊的视觉图像，那么美国有线电视新闻网要比位于蒙大拿的电视台更合适。只要记住全国性的记者在时间上存在局限性。国家公共广播电台的理查德·哈里斯说，"很多科学记者，包括我自己，都是通才，所以不太可能与每个我们可能感兴趣的领域的人建立起很多关系。我今天忙着写国家航空航天局，明天就可能转到干细胞研究。"不过，哈里斯仍然培育了同科学家的关系，一旦他们所在领域有议题出现，他就会给他们打电话。如果你确实联系了全国性的记者，那就要确保你的故事对那个记者的受众来说是相关且有意义的，并且要熟悉该机构的报道风格，以保证你的议题或观点如何与他们的报道相匹配。

保持沟通渠道畅通

面对面或通过电话会见记者是建立工作关系的第一大步。为记者提供你认为他们可能感兴趣的事情的最新消息。当一个有意思的事情发生时，或引人入胜的故事即将出现时，为记者提供一个"提醒"。让记者知道如果新闻中出现的报道与你的专业知识相关的话，你可以为此提供评论。当发生了报纸应该报道的全国性事件时，可以给记者写邮件，或者

可以选择美联社或路透社。最起码，尽量每年联系记者四五次，确保他
们对你有"印象（radar screen）"，哪怕只是一封简短的邮件。

6.5 记者会对我的议题感兴趣吗？

对于那些认为自己的专业对新闻媒体来说过于晦涩的人来说，你仍
然可以发挥影响。通过与当地记者建立关系，你可能会成为该报纸自行
推荐的顾问，让记者知道何时当地的科学有了进展，或者鼓励报纸对一
个全国性的科学议题做一期专线报道。报纸很关注他们的读者说什么。
如果他们的读者非常频繁且高声地呼吁科学新闻的话，那么你在传播信
息方面也会做得更好。

7

选择正确的传播工具

既然你知道了该如何谈论你的研究或观点，你就需要找出把你的信息传播给公众的最佳工具。在与媒体沟通交流方面有很多不同的方式，其范围从正规的（编辑部会议）到非正式的（电子邮件通信），从复杂的（新闻通报录像）到简单的（致编者函）。我们把这些传播技术称为"工具"，你选择哪种工具要取决于一系列因素，包括你的信息、你的目标受众以及你的预算。

在我们与科学家的交流中，我们了解到太多的科学家只依赖一种沟通模式。有些科学家只采用他们的媒体关系办公室所提供的新闻通稿与记者进行交流，而其他科学家只对给编辑写信或写社论感到舒适。更多的科学家只是静待记者给他们打电话。虽然这显然是一个开端，但是如果你想接触尽可能多的受众，你就需要利用由你支配的所有传播工具（或者至少是一个或两个以上）。在本章中，我们会详细地讨论这些工具，并且对你如何让它们有效地传播你的信息进行解释。

7.1 与媒体建立联系

如上一章所强调的那样，开始与媒体打交道的最佳方式就是让你自己成为当地记者的信息源。我们于此再次提到这一点，是因为我们采访的很多科学家都证实了与当地记者建立工作关系是对媒体报道产生积极影响的最有效方式。你应该通过电话和邮件为记者提供最新消息以维持这些关系。一旦你与当地媒体建立了融洽的关系，你就可以去思考一下你所在区域的其他媒体机构会对你工作的哪些方面感兴趣。如果你从事的某个议题是全国性的，那就去看一下大型媒体机构的网站，看看哪个记者会对你的研究或观点感兴趣，需要记住的是为了吸引他们的兴趣，你需要在新闻价值方面满足更高的门槛。

7.2 编辑部会议

一旦你会见了当地记者，那就安排与当地报纸的社论作者会面一次。这些匿名作者的社论代表着报纸编辑部（报纸里的一群作者和高级管理者）的观点。报纸上的社论位于社论版的左侧，紧挨着给编辑的信。

《芝加哥论坛报》的社论版主编布鲁斯·多德说虽然他的报纸记者会客观地报道新闻，但是社论作者的职责是"综合且阐释这些事件，并且通常会为那些让我们的时代感到恼火的困境提供看似有逻辑的解决方案。"作为对当今很多最紧迫的困境和解决方案具有专业知识的科学家，你可以左右一个社论作者的观点。

社论也非常有影响力。不仅普通公众会阅读，而且当地的立法者，州立法委员和联邦立法委员以及商业领袖也会去阅读。如果你发布了一项新研究，来自报纸的一篇赞许性的社论通过告诉人们为什么要关注你的研究可以增加你的工作的声誉和影响力。如果你想提升一项政策议题的可见性，那么一篇社论有助于说服公众为什么应该关心这个议题。

为了安排与社论作者的会面，你只需打电话给报纸的总机并要求转给编辑部的某个人。一旦电话接通，就可以询问一下哪个社论作者最有可能撰写科学相关议题的社论。询问那个作者的联系方式并且给他（她）写一封邮件，简要地概述一下你的研究或政策议题，以及它何为重要。请求进行一次会面并且提供几个可选的会面时间。社论作者很有可能会答复你并且跟你一起确定会面时间。如果你没有得到答复，那就再跟进一个电话。

有可能社论作者会建议你跟整个编辑部会面。如果你得到了这样的建议，那就欣然接受——编辑部里接受你教育的人越多越好。编辑部会议不同于与记者会面，因为你的目标是要讲清楚你希望报纸考虑什么东西，并且重视这个问题。就像你对常规的报纸文章所做的那样，提前想好你希望的社论标题是什么。社论标题应该有观点，凸显一个问题或者提出一个解决方案——这是你应该在会议上传递的主要信息。你的其他信息是为标题提供支撑的，并且要包括采取行动的呼吁——无论是通过一项立法，从事（或停止）一个项目，请求资助，敦促更多的研究，还是只是需要提升公众的意识。在会议上为社论作者或编辑部成员提供一些背景信息。这些信息（也许是新闻资料的一部分，我们在本章后面会讨论）应该提供你的议题的细节，以便你可以在会议上着眼于你的要点。

编辑部会议通常持续一个小时或更短。在你进行自我介绍后，就要表明为什么你希望报纸考虑你的议题，留出足够的提问时间。在会议接近尾声时，你可能就会知道该报纸是否有兴趣撰写一篇社论了。然而，不要直截了当地问是否有人会就这个议题撰写社论。如果社论作者／编辑部似乎不感兴趣，也不要担心。同与记者建立联系过程一样，你应该把这视为长期工作关系的一个开端。你可以提前几周或几个月联系社论作者，以跟进这个议题或其他议题。需要记住的是，社论作者也像记者一样在为以后寻找想法，所以明智而审慎地坚持下去（比如，不要每周都打电话，但是也不要一年才打一次电话）。

7.3 新闻通稿

探访美国任何一个新闻编辑部，你都会对记者收到的新闻通稿数量感到惊诧。《费城问询报》（*Philadelphia Inquirer*）的环境记者汤姆·艾薇尔说他所在报纸的科学和健康办公室"每天都淹没在新闻通稿中"。近来，似乎新闻通稿来自任何事情，从促销到会议预告到授予小额资助。《波士顿邮报》的加雷斯·库克说："我感觉很多新闻通稿是因为官僚主义的原因而非新闻的原因而发出的——比如一个院长对新建筑的揭牌兴奋不已。"库克补充说他"几乎不关注这些新闻通稿，因为它们通常没有任何有新闻价值的东西"。

　　罗杰·约翰逊是生物化学家，后来成了科学作家，他成立了《科学智识》(*Sciencewise*) 这个每天向几千个记者分发新闻通稿的在线新闻服务机构。他读过 3 万多个新闻通稿，他知道一个有效的新闻通稿要包括引起记者注目的信息。"科学家需要认真地思考新闻通稿的内容，"约翰逊说，"他们要问'这是一个媒体会感兴趣的故事吗？'很多新闻通稿源于这样一个观点，'我希望这个信息出现在那里'或'这很重要，人们应该感兴趣。'这并没有考虑到读者。它源于一个高高在上的观点。如果你真想与人们建立起关联，你就应该考虑一下读者以及他们会对什么感兴趣。新闻通稿的读者是记者。他们对新闻感兴趣。"

　　加雷斯·库克重申了这一点。他说，"我能给的主要建议就是（科学家）稍微用点时间考虑一下（他们的新闻通稿）是否真的具有新闻价值。他们能想象一下在出版物中读到他们打算发出去的东西的样子吗？"库克说有关科学议题的新闻通稿需要"表述清晰，没有行业术语，是真正的新闻，并且阐述重要性何在。为什么读者应该关注？"

　　作为科学家，在发布新闻通稿上你可能面临着所在大学媒体关系办公室的压力。很多出于善意的公共信息官（public information officers，PIOs）通过频繁地发布新闻通稿努力为他们的学校或机构获得媒体关注，甚至是没有新闻价值的一个话题。然而，这种做法最终会产生逆火效应。就像狼来了的故事一样。如果公共信息官对记者惊呼"新闻！特大新闻！"后提供的新闻通稿没有新闻价值，那么记者很快就会忽略这个公共信息官，而当真正的新闻出现时，记者也不会关注了。

　　我们的目标是确保你尽可能有效地利用新闻通稿，因为一个策划周密的新闻通稿能够获得媒体关系，可能还会获得更多。当你有新闻时，新闻通稿是同公众进行沟通的最佳工具之一。

　　新闻通稿应该提醒记者去报道一个可能发生的故事。虽然很多记者把新闻通稿视为难题，并且会联系你获取更多的信息，但是有些记者会直接根据新闻通稿创作报道。你可以对一项新的研究、触动人们情感的一个出人意料的发展、一项政策发展或任何让一个主题或事件具有新闻价值的要素撰写新闻通稿。如果你对自己的研究是否具有新闻价值并不确定，那就跟朋友或家庭成员讨论一下。他们的问题可能会让你用新的视角来看待你的故事或让你关注你忽视了的东西。底线是新闻通稿应该就一个感兴趣或引人注目的故事为记者提供关键要素，以便他们可以根据所呈现的信息撰写一篇文章或者生产一个广播片段。

有效的新闻通稿的要素

一份有效的新闻通稿把媒体报道中的基本要素（比如，有什么新的内容，为什么重要，何时何地发生的，以及涉及谁）同与这个话题具有专业知识的人提供的原声摘要结合起来。新闻通稿在本质上来说应该以新闻文章的形式来呈现你的主要信息和论据（二级信息）。除了这些关键信息之外，还要其他一些重要的要素。

"吸引人的事物"

"一份好的新闻通稿的关键是导语，"罗杰·约翰逊说道，"这通常归结为'这个故事中新的东西的本质是什么？'"以你希望第二天早晨在报纸上看到的吸引眼球的标题作为开头，然后用2个到3个短句形成引言段落，以强调你希望传递的新闻。约翰逊说，"我鼓励科学家找到核心——重要的、独特的、新的以及有意思的东西。把这些精髓放到1句到2句话里。让它易于理解，但也要有意思。"

看一下第126页中野生动物保护协会（Wildlife Conservation Society，WCS）有关布朗克斯动物园（Bronx Zoo）的新闻通稿。史蒂芬·C.绍特纳的职责是让媒体理解发表在《伦敦动物学会杂志》（*Journal of the Zoological Society of London*）上的科研论文并且引起共鸣。野生动物保护协会保育传播的助理主任绍特纳说这个论文"是典型的难理解的科学研究，完全是为科学受众撰写的。"该论文的标题是"食肉动物快速的生态和行为变化：美洲黑熊对改造的食物的反应"［*Rapid ecological and behavioural changes in carnivores: the response of black bears*（*Ursus Americanus*）*to altered food*］。绍特纳说，"这个题目实际上并不那么容易说出口。我们的工作是把这个难懂的科学翻译成通俗易懂的东西。"

绍特纳通读了全文，试图找到人们可以关联起来的信息。其中一行引起了他的关注。"相对于野外同种的个体来说，城市界面地区的个体：每天活跃的时间明显减少（8.5 小时 vs13.3 小时；P<0.01）……"虽然这可能超出普通公众的理解范围，绍特纳有了一个想法。"在咨询了作者之后，"他说，"我们了解了这句话的意思非常简单，说的是城市里的黑熊在更短的时间里就能吃饱，主要是通过突袭垃圾箱的方式，然后就相对不活跃了。"就这样，产生了"研究发现：城市黑熊正在变成沙发土豆"这个标题。绍特纳说这是一个以与公众产生共鸣的方式来传播这个研究主要发现的"简单且充满幽默感的方式。"

新闻风格

新闻通稿的撰写风格应该和新闻报道类似，把最重要的事实放在前面。在新闻术语中，这种风格被称为倒金字塔（图 2）——总体情况抓住读者的注意力并且设定了情境，随后的各段逐渐地缩减至更小的细节。

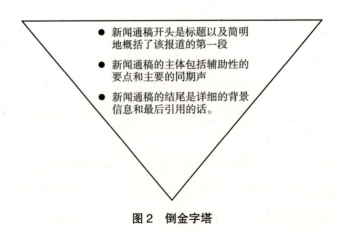

- 新闻通稿开头是标题以及简明地概括了该报道的第一段
- 新闻通稿的主体包括辅助性的要点和主要的同期声
- 新闻通稿的结尾是详细的背景信息和最后引用的话。

图 2　倒金字塔

换句话说，聚焦于新闻，而非发布这个新闻的大学。《萨克拉门托蜜蜂报》的伊迪·劳建议"工作人员认为需要表扬的人和机构的名字……可以出现在新闻通稿的最后。"记得用主动语态撰写，就像野生动物保护会的新闻通稿那样，力求用简短的段落和简单易懂的语言。

原声摘要

在第四章，我们描述了科学家可用的不同类型的可引用的原声摘要。在新闻通稿中插入（pepper）内容类似的原声摘要。虽然第一个原声摘要通常出现在第二段，但是如果第二段像野生动物保护协会的新闻通稿那样短的话，那么原声摘要就可以放到第三段里。一"套"原声摘要的组成包括引用的一个言简意赅的句子，然后是专家的名字及其所在的机构，最后是一个短句。下面是来自野生动物保护协会新闻通稿的一个案例。

"城市地区的黑熊正在发福并且较少进行剧烈运动，"该研究的首席作者、野生动物保护协会生物学家乔恩·贝克曼博士说道，"它们突袭当地的垃圾桶寻找晚餐，然后就收工了。"

努力在第四段之后在插入另外一套原声摘要，如果可行的话，在最后也插入一套。如果记者打电话给你想讨论一下新闻通稿，把新闻通稿中的引述插入到你的回答中。（不要去朗读，要自然而言地说出来。）如果你的原声摘要不言简意赅，记者就会努力诱使你提供引述的话，而如果你开始即兴发挥，媒体报道中就可能会出现你不希望见到的引述。

简洁明了

把新闻通稿控制在一页以内。把一项大型研究浓缩在一页纸中是具有挑战性的，但是你可以也应该这样做。反过来，这将把记者引导到你希望谈的点上。3 页纸的新闻通稿会有太多的信息，以至于记者会自己选择信息并且进入到几个不同的方向——有些可能不是你所预期的——更糟的是，他可能根本不会去读这个通稿。记者们时间紧迫。他们想尽快地浏览一下你的新闻通稿，然后决定是否感兴趣。如果感兴趣，他们总是会打电话获取更多的信息，并且有可能去阅读你的研究报告。

日期和联系信息

如果今天记者收到你的一封邮件，里面含有一份新闻通稿，他（她）会期望立即报道新闻通稿中的新闻。为了表明确实如此，新闻通稿也应该在左上角印着"即刻发布"的字样，并且在下面附上发稿日期和地点。（发稿日期和地点列出了这个新闻来自哪个城市以及日期，并且置于第一段前面。）这样一来，记者就知道他们可以即刻报道这个新闻，如果他们在网络搜索中无意发现了，那么他们就知道它是什么时候发布的。

有时候，公共信息官或期刊会对新闻通稿或论文设置"限时禁发"，这意味着记者在特定日期之前是不能发表新闻通稿中包含的任何信息的。《科学》《自然》和其他期刊会采用这种设置限时禁发的新闻通稿，以向全国记者公平地发布信息。其他机构偶尔也会对难以在同一天阅读并报道的一项大型研究相关的信息设置限时禁发；限时禁发为记者提供了额外的时间来筹备报道。

确保新闻通稿中包括人的名字，以及记者可以联系到的 1 个到 2 个人的电话。通常这些人是大学或科研院所中媒体机构的成员。然而，当新闻通稿中包括科学家的电话号码和邮件地址时，记者会尤为感激。"相较于我们打电话给媒体关系成员获取联系信息而言，这更有效，"伊迪·劳说道。另外，如果你对媒体工作不熟悉，你可能不喜欢把自己列为联系人。那样的话，你的公共信息官就可以充当辅助者，并且找到在接受采访之前你需要了解的所有信息，这将让你做更充足的准备。

通常在新闻通稿上包括一个网址，如果记者感兴趣的话，他（她）可以在那里找到更多信息。如果这个网站不是直接的外链地址（比如，记者需要输入网站地址），那就要让 URL 地址简短一些。比较合理的是，为他们提供一个直接从主页上链接到你的报告的地址，而非一个长长的

URL 地址。

统一格式

新闻通稿的复印版（比如，通过手动或邮件的形式分发的新闻通稿）应该在顶端包括有一个标识或信头，以及一些表明这是一个新闻稿的象征。有些机构喜欢用双倍行距，而有些则喜欢用单倍行距，但是在段落之间用双倍。有些新闻通稿的标题是全部大写，而有些则用大字体。有些新闻通稿包括小标题，有些则没有。有些新闻通稿会在结尾用三个 # 号（###），有些则会用 30 这个数字及两个破折号（—30—）。不管怎样，这些符号都应该居中对齐。

最后，只要你保持一致地使用一种风格，那么你采用哪一种风格都可以。最重要的是你要有与记者分享的有新闻价值的东西，你把主要信息概述到有效的标题和第一段中，并且你有与你的关键信息和话题论点（二级信息）相关的可引述的原声摘要。

有充足的前置时间

一份新闻通稿能够向媒体并由此向全球推广你的研究或观点。用一年的时间撰写研究报告但只用一个小时来撰写新闻通稿是不合理的。你需要花点时间来决定你的主要信息是什么，以及你会如何表述它们。对合作性的研究撰写新闻通稿可能会用更多的时间，因为你的同事可能对如何强调该研究的某些方面有不同的看法，他们可能会建议不同的原声摘要，或者甚至会完全不赞同所有的信息和标题。出于这些原因，你、你的媒体关系成员以及牵涉的任何同事应该在起草新闻通稿之前对主要信息和话题论点进行讨论。这会让新闻通稿的撰写过程更顺畅，并且确保可以讲述恰当的故事。

比如，野生动物保护协会撰写的有关黑熊的新闻通稿就是史蒂芬·绍特纳和乔恩·贝克曼博士共同努力的结果。"我尤其记得我告诉乔恩在标题上可以'信任我们，'他确实照做了，"绍特纳说道，"我应该指出的是实际上我能想起来的每一篇文章在报道这项重要的保育故事的科学支撑方面都做了出色的工作。"

新闻通稿
联系方式：
史蒂芬·绍特纳（718-220-3682；ssautner@wcs.org）
约翰·德兰尼（718-220-3275；jdelaney@wcs.org）

研究发现：城市黑熊正在变成"沙发土豆"

纽约（11月24日）——据来自布朗克斯动物园的野生动物保护协会的科学家的近期一项研究表明，城市里及周边的黑熊的活跃度不及居住于野外区域的黑熊的1/3，体重却比它们增加了30%。

该研究成果发表于最新一期的《伦敦动物学会杂志》，该研究认为黑熊用于捕获天然食物的时间较少，这包括从浆果到成年梅花鹿在内的所有食物。相反，它们选择在快餐店、购物中心和郊外住宅区旁边的垃圾箱里搜寻食物，和在野外觅食或捕食猎物相比，它们通常填饱肚子的时间非常短。

"城市地区的黑熊正在发福并且较少进行剧烈运动，"该研究的首席作者、野生动物保护协会生物学家乔恩·贝克曼博士说道，"它们突袭当地的垃圾桶寻找晚餐，然后就收工了。"

此外，作者们认为城市里的黑熊因为不断增加的人类活动而变得愈发在夜间出没，这是黑熊倾向于避免的情况。和野外生存的种群相比，城市里的黑熊穴居的时间也较少，作者认为这与垃圾桶成为唾手可得的食物来源有关联。

作者们认为随着人类持续地把野外区域拓展为生活处所，以及随着黑熊聚居于城市化的区域，必须对人们进行教育以降低潜在的冲突。应该通过地方法规来对家用的和商用的防黑熊的垃圾箱进行监管。

"黑熊和人可以一起生存，只要黑熊不靠施舍和垃圾为食物的话，"贝克曼说道，"立法者应该采取积极的立场来确保这些重要的野外动物仍然是当地环境的一部分。"

该研究的复印版可以通过野生动物保护协会的保育传播办公室获取。

散播你的新闻通稿

把你的新闻通稿发给记者的最佳方式就是直接地发送邮件。如果你就职于大学或大型科研机构，你所在单位的媒体关系办公室应该能够汇编成一个有记者名字和邮件地址的名单，并且发出新闻通稿。如果不是，你应该维护自己的媒体联络名单，并且自己发送新闻通稿。不过，希望你已经在思考哪个媒体机构——当地的和全国的——可能对你的工作感兴趣。

如果你有同你的故事相关的引人注目的图片或图表，那就在邮件中提及它们。这同样也适合于任何的声音或味道（可以被直接地转换给媒体或可以被描述出来的任何内容）。确保把新闻通稿插入到邮件正文中。"不要通过附件的形式发送（新闻通稿），"伊迪·劳建议道，"我没有时间或耐心点击附件，并且找到要点。"

如果你不能接近公共信息官或媒体关系部门的员工，还有一些付费服务可以帮你发送你的新闻通稿。《科学智识》向全球几千个科学记者发送研究相关的科学新闻。有美国科促会运行的优睿科（EurekAlert!）向全球的科学记者发送科学相关话题的新闻通稿。如果你有更一般的故事要分享的话，美国新闻专线（U.S.Newswire）和公共关系新闻专线（PR Newswire）可以把你的新闻通稿发送给负责分配任务的编辑，广播和电视制片人，以及全国的记者。（有关新闻通稿发布服务的联系方式位于本书中的资源部分。）

野生动物保护协会的绍特纳把有关黑熊的新闻通稿发给了他媒体名单上的 100 多个记者，而且还将其发布在了科学智识和优睿科上。"媒体对这个故事的报道让人大吃一惊，这是到目前为止野生动物保护协会生产的报道最多的故事之一，"绍特纳说道。实际上，全球的纸媒和广播媒体都报道了这个故事。

在给记者的邮件的主题行中，利用五个或更少的能体现新闻亮点的词语组成简短标题。很多记者会忽略或删除主题行不引人注目的邮件。比如，野生动物保护协会的主题行可以是：黑熊正成为沙发土豆。除了左对齐的文本和段落之间的行间距之外，新闻通稿的文本不应该有其他的格式编排。第一段应该包括发布日期，机构名称以及联系方式。

努力在当天的早些时候把你的新闻通稿发出去。你发出去的越早，记者筹备报道的时间就越多。如果可以的话，避免在周一和周五发送新闻通稿（绝对不要在周末发送，除非这个新闻是突发的）。每周的第一天对于记者来说通常都特别忙，而很多记者在每周五都尽力总结一周的工作，或为周日的报纸准备报道。

7.4 新闻声明

虽然新闻通稿是发布你自己的新闻故事时可以使用的最佳工具，但是当你对已经成为新闻的他人的研究或政策报道进行评论时，新闻声明是一种能把你的论点传播给媒体的更有效的方式。正如其名称所显示的那样，新闻声明是对一个具有新闻价值的话题进行的简短的评论。和新闻通稿一样，新闻声明包括标题、联系方式和发稿日期及地点。与以报纸文章的风格撰写的新闻通稿不同的是，新闻声明含有你自己的主要信息以及在几个段落中提供的原声摘要。当媒体正在报道一个记者已经知道了细节的有新闻价值的事件时，就可以采用新闻声明。你只需提供一系列记者可以选择使用的评论和引述。如果记者没有意识到你的声明的主题，那最好为他（她）提供一个有背景信息的新闻通稿。

下面是由忧思科学家联盟的康奈尔大学的物理学荣誉教授兼忧思科学家联盟委员会主席科特·戈特弗雷德博士发布的一份声明。需要注意：这份（以邮件形式发布的）声明是关于近期发布的一项研究的。

即刻发布：

2004 年 11 月 17 日

忧思科学家联盟

联系方式：苏珊·肖,（617）547-5552

国家科学院认为政治问题不合时宜

忧思科学家联盟主席科特·戈特弗雷德的声明

在今天发布的关于总统任命过程的新闻通稿中，美国科学院强烈指出在考虑科学家和其他技术专家进入联邦科学顾问小组时，考虑他们的个人立场是不合时宜的。

这份报告回应了今年由包括多名诺奖得主、国家科学奖章获得者、大学校长和一流医学研究人员在内的 6000 多名科学家提出的关切，即科学顾问小组的提名应该只以他们的专业知识和职业资质为依据。不然的话就会损害科学对政策决定的诚实性，并且会损害公共健康、安全和环境。

绝大多数美国人都赞同科学家的观点。近期一项全国调查显示 2/3 的美国公众认为在拟定顾问委员会的人选时考虑他们的政党取向或近期的总统投票记录是无法接受的。

国会应该进一步强化和执行监管科学顾问小组任命的法规，以禁止这种不正确的问题。既然选举季节的约束已经结束了，行政部门就应该接受国家科学院的建议并且迅速地恢复科学技术政策办公室（Office of Science and Technology Policy）主任的地位以协助总统开展工作。

7.5 电话

通常，在报道某个故事方面，有几个媒体机构是你的首选。也许这些记者是本地的，并且你已经与他们建立了工作关系，或者这些记者就职于有重要影响的全国性媒体机构，比如《纽约时报》或《华尔街日报》。无论是哪一种情况，如果你想确保记者读了你的新闻通稿，你就该在新闻通稿发出之后给他们打电话。有可能他们会在没有额外提醒的情况下阅读新闻通稿，但是鉴于他们每天收到大量的新闻通稿，所以你还是要给他们打电话，提醒他们关注你的邮件。比如，如果你是野生动物保护协会的贝克曼博士，你可以这样跟记者交流："你好，我是乔恩·贝克曼。我是野生动物保护协会布朗克斯动物园的科学家。今早我们给您发送了一个新闻通稿，是关于我们刚刚在《伦敦动物学会杂志》上发表的新论文的，我们的研究表明居住在城市地区的黑熊正在变成沙发土豆。

同生存在野外的黑熊相比，城市里黑熊的活跃度下降了1/3，而体重却增加了30%。如果你没有看到这份通稿，或者你有其他问题，请通过以下方式联系我……"

当你有突发新闻时——及时且满足了独特、相关和有意思的标准——你就该毫不犹豫地给记者打电话。"我很少接到科学家就热点话题给我打电话，"国家公共广播电台的理查德·哈里斯说道，"实际上更多地接到他们的电话是非常好的。"至于新闻通稿，最好在当天的早些时候（绝对不要晚于下午3点）打给报纸记者和电视台记者，除非你有重要的突发新闻。在大多数情况下，你可以在一天的任何时候打电话给广播记者，但是要注意他们可能在为晚间新闻或早间新闻而忙碌。

7.6 邮件

有时候，你可能会经常地碰到不值得发布新闻通稿但是对记者来说却会有用的信息。在这种情况下，我们鼓励你给记者发一封短信息的邮件，以提醒他们"注意。"很多这种"提醒"邮件可能会产生新闻报道。伊迪·劳说她自己"尤其关注来自有声望的科学家的个人观点"。这些不是新闻通稿，"但是他们直接发给我的含有他们对某个特定主题观点的邮件是具有新闻价值的。"劳说道。

实际上，如我们在上一章所讨论的那样，成为记者一个可靠信息源的最佳方式之一就是就你的研究或你正在跟踪的政策议题给记者发送简短且定期更新的邮件。同我们交流过的记者都强调这些有用信息应该简短且切中要害。加雷斯·库克说，"我更喜欢那些告诉我有什么新鲜事、它为什么重要以及如果我想报道的话该如何找到负责人的简短且有说服力的邮件。"你也可以考虑在一个非常好的报道后面或如果你认为某篇文章不完整或不精确时给记者发送只有一句话的邮件（在指出其错误的时候永远不要侮辱记者）。你的目标是确保记者获得所有的事实。要客观、有理有据且简短。

7.7 致编辑的信

致编辑的信是报纸中最受欢迎的一个版块。因而，致编辑的信（LTE）是向公众直接地传播你的论点和观点的有效方式。每个报纸都有致编辑的信版块，通常位于社论版。社论版主编喜欢简短的致编辑的信，因为他们可以在社论版上多放几篇。像《洛杉矶时报》和《华盛顿邮报》这样的报纸每天发表 6 到 8 篇致编辑的信。《纽约时报》在每周四的科学版块［"科学时代（Science Times）"］上也有致编辑的信。致编辑的信发表的可能会根据报纸规模的不同而有所差异。《圣保罗先驱报》（ St. Paul Pioneer Press ）的社论版主编阿特·考尔森说他所在的报纸"每四封致编辑的信就有一封被发表出来。"另外，《芝加哥论坛报》每周收到上千封致编辑的信，而被发表出来的数量只有 70 封左右。"竞争非常激烈，"为该报纸处理致编辑的信的多迪·霍夫斯蒂特说道。

有 4 个原因让你考虑可以写一封致编辑的信：

1. 详述你的信息。在你关注的议题方面，如果你读了一篇写得很好或深入研究了的新闻报道、社论或评论的话，那么你致编辑的信就可以为这个报道增加新的角度或解释其含义或利害关系。

2. 驳斥观点。如果某个作者写了一篇平衡性的新闻报道，但是你的观点不同于文中引述的那个人，那么你的致编辑的信就可以提供不同的观点。

3. 指出一个重要的错误。如果在新闻报道中你遇到了一个错误，那么你致编辑的信就可以提供正确的信息（如果你是这个报道的信息源，并且其中的错误还很大，那么就要求记者发布更正声明。如果你是信息源，但其中的错误不大，那就直接给记者写封简短的邮件指出其中的错误）。

4. 对报道的不足做出声明。如果你当地的报纸忽视了一个重要的科学故事，那么你致编辑的信就可以温和地指责报纸对这个议题的忽视。即使致编辑的信不能发表，你也可以在报纸对科学议题的后续报道方面产生影响。

　　有效的致编辑的信的关键是要有自己的观点。威斯康星州沃沙市《每日先驱报》（*Daily Herald*）的评论版编辑彼得·J.瓦森说他所在城镇的人们希望"读到他们邻居的观点"。他选择发表的致编辑的信是"那些有关人们感兴趣的话题的原创的、发人深省的"。

　　力图让你的致编辑的信控制在 150 个字以内，绝不要超过 250 个字，即使这个报纸发表过长文的致编辑的信（文章越长，它被编辑的可能性越大，有可能会删掉你最重要的信息）。报纸上有提交致编辑的信的邮件地址。如果你找不到，那就查一下它的网站或致电给报纸总机问一下联系方式。

　　下面是《纽约时报》2005 年 3 月 24 日发表的一封致编辑的信。该文简练的风格使它显得特别有力。

致编辑的信：

关于"对 Imax 的新测试：《圣经》vs 火山"（3 月 19 日发表的文章）

今天是悲哀的一天，市场营销学和源于宗教原教旨主义者的压力要求对来自科学博物馆的科学进行审查。

在数十亿年的宇宙中，进化始于大爆炸是现代科学的核心框架。没有勇气去播放一个讨论这种核心框架的影片的科学博物馆是名不副实的。

乔恩·马查

麻省，安姆斯特，2005 年 3 月 19 日

作者是马萨诸塞大学安姆斯特分校物理学教授。

注意，作者被标注为科学家。在你提交致编辑的信时，确保包括你的科学、学术或职业关系和专业知识的信息。你甚至希望在文本中提及你的资历。

需要注意一个显而易见的问题：绝不要把别人写的致编辑的信用你自己的名义来提交。总是用你自己的话，即便一个朋友或机构对你要说什么提供了一些建议。"致编辑的信的编辑阿米拉·阿瓦德和我通常会浏览竞选网站和倡导群体的网站，并且记录它们上面的套用信函，"阿特·考尔森说道，"国家社论作家协商会（National Conference of Editorial Writers）会贴出其会员收到的套用信函的复印件——每天收到几个不同的信函。当我们收到由不同'作者'签发的十几封相同信件时，找出其中的蹊跷是非常容易的。"阿特·考尔森说："我们只需要你用自己的话表达出观点。所以请附上你的真名，地址和电话。我们确实会打电话以证实致编辑的信的来源——如果因为你提供了错误信息而使得我们无从联络，那么你的致编辑的信就会被投进碎纸机。"

评论

　　评论为你提供了一种用直观的方式，以便你可以直接地把你的观点用比致编辑的信更多的字数传播给公众的机会。它们位于大多数报纸评论版的对面，并且通常挨着报系作家的专栏（比如乔治·威尔或莫莉·艾文斯）。评论是由不隶属于报纸的公民所撰写的文章——无论你是企业主管、科学家、政客、家长，还是在校学生，任何人都可以撰写评论。

　　撰写评论时的最重要一步是首先要决定你是否要写一篇评论。负责民兵媒体（Minuteman Media）评论分发服务的威廉·A.柯林斯认为"撰写评论的一种有效的筹备就是努力地向你的理发师、美甲师或妹夫解释这个题材。这会让你知道他们是否会目光呆滞，并且你可能会发现某些引起共鸣的短语或类比。或者会让你重新评估你这个计划。"

如何撰写评论

　　就像一篇优秀的论文一样，评论也有标题、引言、主体和结论。

　　读者首先会看到的是标题，所以你需要抓住读者的注意力并且诱使他（她）去阅读你想说的内容。标题还应该反映你的评论的主题，以便读者能够知道你说的是什么。但是，要记住编辑也可能会处于布局的原因而更改你的标题或让它更简练。

　　和标题一样，引言应该激发出读者的兴趣，并且鼓励他（她）继续读下去。这是传播你的总体信息和立场的首要地点，进而要采用及时的参考资料、色彩丰富的语言或者比喻来获得读者的注意力。尽量将引言控制在 3 个短句之内。

主体部分要进一步扩展你想说的要点。段落要简短且聚焦，每段用 3 句到 5 句话完成。尽量每段只讲一个支撑点，并且段与段之间的自然过渡。每段都要与引言和你的总体信息呼应。要避免偏离主题。

结论是对全文的总结，把前面段落的线索全部整合起来。在结论部分要重申你的总体观点；最后一句应该让你的信息深深地印在读者的脑海里。

为了让评论有效且增加其被发表的机会，要记住下列的细节。

1. 长度。社论的版面通常很有限，所以在开始撰写之前，重要的是要去核实你的目标报纸有关长度的要求。理想情况下，一篇评论应该在 500 字到 700 字，虽然有些编辑会考虑 1000 字左右的评论，比如《罗维登斯日报》（*Providence Journal*）的评论版编辑罗伯特·惠特科姆。

2. 联系方式。不要忘了在评论的末尾放上你的联系信息，你所在的大学或机构，你的头衔，工作电话和家庭电话，以及地址。很多报纸不会发表无法证实作者身份的评论。

3. 焦点。《克利夫兰老实人报》的评论编辑格洛丽亚·米尔纳认为科学家经常"撰写日报评论版上难以采用的长文……他们试图撰写太多的概念，而不是聚焦于一个议题的一个方面。"比如，她说，"一个科学家可能想对干细胞研究的广为流传的误解予以更正。当这个议题很热的时候（比如，在首页上有很多报道，或者这是一个选举辩论的题目，或者像克里斯托弗·里夫过世这样的消息把这个话题再次带回人们的视野），编辑有可能会被说服录用更长的评论。但是如果这个话题不是很热，最好聚焦于 700 字以内可以说清楚的事情。比如，对干细胞可能有十几种常见的误解。为何不聚焦于最普遍或最危险的那一个呢？"

4. 语言。大多数读者都不是你的研究领域的专家，所以为普通受众撰写文章是很重要的。《丹佛邮报》（*Denver Post*）的评论版副主编说：

"他的建议是 KISS 规则：保持简洁（keep it simple，stupid）。不要胡乱抛出一些代号语言或未定义的专业术语。"

5. 当地影响。米尔纳建议科学家"看一下报纸所在城镇的工业企业或研究机构。在克利夫兰，"她说道，"我们对当地大学所开展的工作非常感兴趣——比如高分子材料，液晶体。"

《夏洛特观察家报》（*Charlotte Observer*）的评论版主编埃德·威廉姆斯说"无法抓住把议题本土化或区域化的机会"是撰写评论的科学家最常见的错误之一。对于他的读者而言，威廉姆斯想知道，"这个议题对卡罗来纳州意味着什么？对夏洛特呢？"

6. 观点。最后一点同样重要，确保要有观点——无论是关于研究的价值的还是关于问题的程度的，或是解决一种处境所需要采取的措施的。"对公共政策选择采取明确的立场，"威廉姆斯说道，"科学议题可能充满着微妙之处，但是政治选择通常是非此即彼。作者也可以解释公共政策选择应该是什么，而不是它在政治过程中所形成的方式。"威廉姆斯说他经常拒绝提交的评论，因为它们无法"就及时的话题以及重要的（或有意义的或二者兼有的）议题向（评论版的读者）表达清楚。"

下面一篇评论，"处于真空中的导弹防御"（Missile Defense in a Vacuum），是由丽斯贝斯·葛兰路德和科特·戈特弗雷德撰写的，两人分别来自麻省理工学院和康奈尔大学（戈特弗雷德是忧思科学家联盟的主席；葛兰路德是忧思科学家联盟全球安全项目的联合主任）。该文于 2000 年 5 月 3 日发表于《华盛顿邮报》，它是与政策问题相关的学术话题方面一个言简意赅的评论的范例。科学家们用清晰易懂的语言写清楚了一个复杂的主题，而且没有过于简单化。

在第一段，作者们即刻表明了自己的立场：导弹防御系统不会发挥作用。他们然后描述了问题的症结，并总结了他们的研究，这支持了开篇就提出的核心主题。随着他们阐释其论据，科学家们提及了相反的观点并进行了驳斥。如果你是一个不愿意在自己的评论中展现任何情感的科学家，那就关注一下葛兰路德和戈特弗雷德是如何用沉稳的姿态来传播他们的强有力的观点的（虽然他们确实设法把描绘画面的语言纳入进来，比如，"五角大楼不知道它蹒跚学步的孩子能否穿越雷区而幸存下来。"）最后，该文用提出的解决方案为结尾："总统应该推进对可信的威胁进行了数次成功测试的防御系统的部署。"这篇评论不仅写得很好，而且同样重要的是，它很及时。

处于真空中的导弹防御

克林顿总统即将就是否开始构建全国导弹防御系统做出决定，这引发了热烈的辩论：这个系统会花多少钱？这一部署会对美国、俄罗斯的核武器削减带来什么影响？很少有人会对一个基本问题发问：这个系统会奏效吗？答案是否定的。

全国导弹防御系统的使命是保护美国免受像朝鲜这样的新兴导弹国家的攻击，这在未来将要求由核武器、生物武器或化学武器装备的远程导弹。

美国拥有全球最大的军力，它拥有最先进的技术基础，而朝鲜则是最贫穷的国家之一。当然，你可以说，这样的国家发射的导弹无法穿透美国精密的防御系统。

他们可以。即便计划中的美国导弹防御技术运行完美（一个巨大的如果），这个系统也可以通过被称为反制措施的可以击溃这个防御系统的相对较简单的步骤挫败。而这种反制措施的研发和部署要比远程导弹更容易，也更便宜。

得出的这一结论是以我们与其他 9 名物理学家和工程师合作的一项近期研究为基础的，我们团队中半数以上的人都担任国防部的高级顾问。

我们详细描述了三个具体且容易得到的反制措施。然后我们想知道是否一个攻击者不仅会击溃美国到 2005 年部署完成的防御系统的第一阶段，而且会击溃到 2015 年完全部署的拥有其所有计划的雷达、星载传感器和地基拦截器的整个系统。通过利用公开获取的有关全国导弹防御系统的信息，并且假设该防御系统只受到物理法则的限制，我们发现我们考察的利用任一反制措施的攻击者都会击溃这个充分部署好的导弹防御系统。

比如，攻击者可以把核弹头藏在镀铝的聚酯纤维气球内，并且和几十个中空的气球一起放飞。因为没有一个导弹防御传感器能识别出哪个气球含有弹头，该防御系统不得不攻击所有的气球。即使是一次小型的攻击就足以耗尽拦截器的供给。

利用生物武器的攻击者也可以击溃这个防御系统。为了行之有效，生物制剂必须在大范围内分布。我们的研究表明攻击者可能已经在这样做了，他们把每个导弹的有效载荷分成一百个或更多的小型"炸弹"。作为攻击者的一种意外收获，这种小型炸弹会摧毁该防御系统。

这些问题是系统性的，因为计划的导弹防御系统依赖的是必须在外太空的真空中直接地打击目标的拦截器。这种设计不能进行修改以使它有效地应对这种反制措施。

一些导弹防御系统的支持者认为反制措施对于像朝鲜这样的国家来说太难了。他们忽略了 1999 年美国情报共同体发布的《国家情报评估》（*National Intelligence Estimate*），该报告警告说新兴的导弹国家将能够利用"唾手可得的技术"来研发反制措施，并且到他们部署任何导弹的时候已经这样做了。

其他人认为虽然该系统的第一阶段将不能应对反制措施，但是整个系统可以——该防御是"在学会跑之前先学会走。"但是在总统做出决定之前要开展的测试不包括实际的反制措施，并且在 2005 年之前不计划开展这样的测试。所以五角大楼不知道它蹒跚学步的孩子能否穿越雷区而幸存下来。

　　总统不应该以五角大楼有关全国导弹防御系统可以应对反制措施这个未经证实的断言为基础来做出部署决定。如果五角大楼不认同我们的分析，它就该解释一下这有什么问题。然后五角大楼应该拦截测试中表明该系统可以击败现实的反制措施。总统应该推进对可信的威胁进行了数次成功测试的防御系统的部署。

　　丽斯贝斯·葛兰路德是忧思科学家联盟及麻省理工学院安全研究项目的物理学家，科特·戈特弗雷德是康奈尔大学的物理学教授兼关怀科学家联盟委员会的主席。

　　下面一篇于 2004 年 5 月 4 日发表在《芝加哥论坛报》上的评论则采用了非常不同的方法。伊萨卡学院（Ithaca College）的生物学家桑德拉·史泰葛柏利用叙述的对话风格描述了伊利诺伊州的一个小镇深受塑料厂遗留的污染问题的困扰。史泰葛柏在该评论的前三分之一并没有引入她的核心观点（她反对重建塑料厂并且提倡终止使用聚氯乙烯）。这顶撞了评论主编的指引，但是这篇文章仍然非常有效，因为，引言部分通过描绘一个小镇深受多余的毒物污染所困扰的画面抓住了读者的注意力，所有这些都来自个人的观点（虽然作者并不居住在那里或在那里长大）。最后，这篇评论之所以成功，是因为它写得很好，易于理解，有趣，且与呼吁采取行动一起传播了一种强硬的立场。如果用更传统的风格撰写的话，我们难以想象它会有效。

伊利奥波利斯：环境危害的灾害中心

　　我从小长大的位于伊利诺伊州的小镇并没有很多新来的人。所以，当一个家庭搬入隔壁时，我姐姐和我抑制不住兴奋地看着他们搬家车的到来。跟我们年龄相仿的一个男孩和一个女孩走过来跟我们打招呼。

"我们来自印第安纳波利斯，"小女孩说道。她使这听起来像是一种挑战。

他的哥哥开始插话："它位于印第安纳州中心。"然后他打趣地说那里没有伊利奥波利斯人，他们兄妹两个都笑了。

恰恰相反，我会说，我是一个生活在大都会里的孩子。我可以随便地指向南方，一直沿着121号高速公路走下去，那里是富有生气的城市伊利奥波利斯。

好吧，无论如何，是伊利奥波利斯村。它仅仅有900口人，伊利奥波利斯未必拥有和印第安纳波利斯一样的声望，但是它确实声称自己位于该州的中心。其开创者是如此打算的。

4月23日夜间，当中国台湾塑胶工业股份有限公司（Formosa Plastics Corp.）的工厂爆炸的时候，伊利奥波利斯以另外一种方式成了中心——就中心这个词的爆心投影点的意义来说，该爆炸夺走了4名工人的生命，火光冲天，火焰高达200英尺（约60.96米），电力中断，高速关闭，因而使全体老百姓成了被疏散者，并且这一事件在遥远的中国台湾地区的台北和英国利物浦都成了头条新闻。

虽然冲天的火球已经使该厂慢慢燃烧成了一堆塑料黏稠物质，人们便开始讨论接下来会发生什么。塑料厂的管理者发誓要重建厂房，共和党议员许诺要找到政府资金以帮助在有毒的废墟上添置设备。出于三个主要原因，这些做法都将是一种错误。

首先，作为聚氯乙烯树脂的生产商，伊利奥波利斯的"台塑工厂"是伊利奥波利斯最大的污染源之一。两年前，作家贝基·布莱德威就这个话题撰写的一篇文章把这个长期的后遗症视为环保破坏分子。她在2002年发表于《环境杂志E刊》（*E: The Environmental Magazine*）上的短文描述了离奇的鱼类死亡，反复出现的化学事故以及辖区居民的癌症，该文的题目是："阴风：隔壁的化工厂"（Ill Winds：The Chemical Plant Next Door）。

根据环境保护署有毒物质排放清档网站（Environmental Protection Agency's Toxics Release Inventory Web）显示，单就 2001 年而言，该化工厂就向大气中排放了超过 4.1 万磅氯乙烯。氯乙烯是一种与出生缺陷有关的已知的致癌物。同年，伊利奥波利斯的台塑工厂在国家环境保护署的氯乙烯排放清单上排名第四位。

其次，中国台湾塑胶工业股份有限公司在环保问题上的历史记录不太正面。根据环境保护署的资料显示，台塑特拉华聚氯乙烯工厂的地下水已经被有机溶剂和脱脂剂"严重地污染了"。

在 20 世纪 90 年代，有些商业捕虾船诉诸绝食抗议和沉船的方式来引起台塑得克萨斯工厂关注其对墨西哥沿岸地区（Gulf Coast）生态系统的破坏。根据环境保护署的说法，其位于路易斯安那的工厂仍持续地在排放巨量的二噁英。

在中国台湾地区，该公司的对环境保护的冒犯已经引发了示威游行。

再次，聚氯乙烯根本没有未来。由于一系列健康问题和环保问题，聚氯乙烯已经被从医疗用品到建筑材料的各种用品中逐渐地淘汰了。不仅聚氯乙烯在生产方面存在危险（考虑到在爆炸中丧生的伊利奥波利斯工人穿着没有鞋钉的特制鞋子，所以在走路的时候不会产生火花），而且它必须用重金属进行稳定化，且要用难闻且有毒的增塑剂进行涂抹以让它可用。

乙烯薄膜和墙塑与儿童的哮喘及办公室职员的呼吸紧迫有关联。乙烯窗帘增加了室内尘土中的铅。在家中失火期间，乙烯会产生浓浓的黑烟以及盐酸，这对于消防员来说是致命的。它也不容易回收。

基于这些理由，聚氯乙烯在欧洲国家作为建筑材料使用方面受到严格的限制，并且北美洲越来越多的建筑师和设计者也在避免使用聚氯乙烯。美国绿色建筑委员会（U.S. Green Building Council）目前正考虑在建筑方面为"防止乙烯"设立信用制度，这一动议得到了健康建筑网络（Healthy Building Network）的支持，并且其澳大利亚的同行已经实施了。

　　长期饱受苦难的伊利奥波利斯应该成为环境健康的中心，而不是环境灾难的中心。随着绿色建筑成为建筑和工程领域增长最快的部分，芝加哥市长理查德·达利承诺要把芝加哥变成绿色建筑的一个典范，把慢慢燃烧成废墟的伊利奥波利斯工厂变成一个工人友好型，环境可持续发展的制造中心怎么样呢？

　　桑德拉·史泰葛柏是生物学家，以及《生活在下游：一个生态学家对癌症和环境的思考》（*Living Downstream*：*An Ecologist Looks at Cancer and the Environment*）一书的作者。她是伊利奥波利斯的一员，目前就职于伊萨卡学院。

　　史泰葛柏的评论阐明了在撰写评论方面有发挥创意的空间，但是这是例外，并非常态。大多数来自科学家的评论都应该按照我们在这部分前面所提供的指南进行撰写。下面这个来自《圣何塞信使报》的写作指南节选提供了一些额外的小技巧，以及在你的评论中该说什么（以不该说什么）的案例。

7.9 写作提示

用事实、来自权威的引述以及案例的搭配来支持你的论点。

案例：因为一年前青少年宵禁令生效，警察报告说青少年严重犯罪的数量下降了 10%；胡写乱画下降了 45%。"很多青少年犯罪都是一时冲动，"警察局长约翰·凯利说道。不让孩子在街上流连以及让他们远离诱惑会让绝大多数孩子不惹麻烦。

警员们把违反宵禁令的孩子带到警局，在等待父母接他们回家的时候，他们会和社会工作者进行交流。一个 14 岁的孩子——因为在凌晨 2 点和朋友在外闲逛被带回警局——告诉工作人员说："我不知道有人关心我。"听说有一个名为"养育青少年（Raising Teenagers）"的课程，这个男孩的母亲同意去注册登记，并且在对他监督方面做出更大的努力。

具体化。

含糊其词的案例：很多年轻人在外面过夜。

具体的案例：午夜在第十大道的 7-11 商店外面有十几个初中生和高中生。

解释为什么论点的反面是错误的，或者没有你的论点强有力。避免直呼其名。

案例：宵禁令的批评者抱怨说大多数被抓的年轻人都是西班牙裔，并且认为西班牙裔居住区是执法的目标区域。

但那不是种族主义。对青年人的大多数抱怨来自那些区域；所以逮捕的大多数青少年犯罪也来自那个区域。着眼于这些地区是常识。此外，重要的是要记住，这个项目不是惩罚性的。它旨在让孩子在被抓之前远离街道，并且帮助父母重新掌握对孩子的控制权。

承认另外一方面也有某些有效的要点是可以的。

案例：反对种族主义的家长将监督宵禁令的实施以确保该法令得以公平地采用。这是有用的。为了获得社区的支持，宵禁令必须是公平的。

*不要自我重复。*不要因为你一开始没有说对某件事情而对它复述 2 遍到 3 遍。重复会失去一些读者。所以不要自我重复。

*避免告诉读者显而易见的事情。*不要通过指出教育是好事情或者核毁灭是坏事情来浪费读者的时间。告诉他们如何实现更好的教育或者如何获取和平。

寻找你的作品中的陈词滥调，去除它们（陈词滥调在原声摘要中有用，而非在评论中有用）。

*让某个人阅读一下你写的东西，并且指出你的观点或案例是否清晰。*你可以理解了自己的观点，但是诀窍在于让其他人也理解你。

这是一种有用的练习：假设你需要为你使用的每个字付费 1 美元。每次你为读者提供重要的信息或观点，你都可以获得 10 美元。现在看看你写了什么。每个字都值 1 美元吗？你在亏本吗？每个字、每个短语以及每个句子对你的要点都应该是不可获缺的。如果某个字没有起到这样的作用，那就去掉它。

无用的词的案例：事实是坎贝尔在这个辩论中从来没有提及艾斯储斯，若非专家组向他提出问题，要求他这样做。

移除了无用的词的案例：坎贝尔在这个辩论中从来没有提及艾斯储斯，若非专家组提出的问题中要求他这么做。

*另外一种有用的练习：*当你认为你完成了的时候，大声地朗读出来。寻找笨拙的措辞和过长的句子。如果听起来不顺耳，那就不会朗朗上口。

糟糕的开始　导语必须让读者愿意继续读下去。下面是一些（职业

专栏作家撰写的）让读者不愿意读下去的开篇（顺便提一句，这些专栏也不会发表出来）。

关于越战我们能够确定的知识是，历史学家与记者、政客和军事战略家之间的争论永远不会终止。丰碑会竖立起来，回忆录会撰写出来，政治家会断言已心存感激地吸取其中的教训。但是这不会解决的问题是：我们还不知道这些教训是什么，我们也尚未决定谁对谁错。

这个评论专栏的第一段告诉了我们许多我们已知的事情。第二段又证实了一遍。阅读这两段的文字会让你感觉自己并不需要读这个。

如果我们进行一次投票的话，大多数人可能都会把春节作为自己喜欢的季节。从我记事的时候起，我就把秋季作为自己最喜欢的季节。

我们期盼着十月清新的早晨，蔓藤上的霜，这个季节的第一缕炊烟，踏过丛林中地面上新落的树叶以告别炎热、昆虫肆虐的八月的日日夜夜。

才华横溢的作者会让无足轻重的话题值得一读。

当美国的"艾诺拉·盖"轰炸机于1945年8月6日在日本广岛上空打开其腹部并投下世界上第一个原子弹时我1岁。

这个导语告诉了我们除了我们知道的原子弹轰炸这个日期之外的一些事情。

在华盛顿发生的关于平衡预算的讨论让我非常不安。并不是因为我对财政赤字过于担心。见鬼，我根本不理解财政赤字。

如果你没有研究过这个话题，读者也不可能会追随你的论点。

在俄克拉荷马城爆炸几天后，克林顿总统谴责说这种"洪亮又生气的声音"毒害了公共辩论。"他们传播了仇恨，"他说道。"他们给人留下的印象是暴力是可以接受的。"

随之而来的是专栏作家卡尔·罗恩，他谴责对"愤怒无比的愤怒的白人"的爆炸，甚至在谴责中还包括参议员多数党领袖鲍勃·杜尔和众议院议长纽特·金里奇。同时，《新共和》（New Republic）中一个自作聪明的标题问道，"是纽特干的吗？"然后还补充说："不是，但是他得到了一些解释。"

克林顿的评论设计得很拙劣，以至于他的助手被迫说他没有意指任何特定对象，也没有谈论任何具体的脱口秀主持人——虽然后来他点了G.高登·李迪的名字。

不要仅仅总结已经出现在报纸中的东西。如果你确实需要把有你自己观点的背景信息纳入进来，那就在你陈述完自己的观点后，谨慎一些地把这些信息包括进来。

难以想象在美国历史上还有比今年俄克拉荷马城联邦办公室的爆炸更具决定性的时刻了。作为这一惨剧的结果，现在就要处理全国响应和公共政策辩论。

在这个导语中没有观点。

　　*一个优秀的案例：*我们一直在批判。我们已经展示了一些不好的案例。下面是一个好的。这是一个学生为我们的"每日专家"（Everyday Experts）专题撰写的。关注一下在这个话题方面它对个人知识的出色运用，它采用的言简意赅的语言，以及它对主要观点不断的支持——私立学校优于公立学校。

　　去年，作为一个新生，我进入了一所有着良好声誉且其学生在标准测试中获得高分的公立学校。不幸的是，这些数据并没有反映出人满为患的教室，为终身教职而挣扎的不能胜任的教师，以及充斥在大厅里的暴力和毒品。

　　我获得了全优，但当我有问题时，我的一个老师直言不讳地告诉我说，我要被迫等等那些"因为没有获得和我一样好成绩的需要更多帮助的学生"。

　　公立学校的另外一个缺点是师生计划。我理解人们要学会如何教学，但是在英语课上，我同一个让我们大声阅读"人鼠之间"（Of Mice and Men）和其他图书的女老师共同度过带来一个学期。我认为到 9 年级的时候，每个人都知道了如何自己阅读，而英语课应该是对读过的书进行讨论的时间。

　　控制着学校的暴力和毒品是最可怕的事情。我西班牙语课上的一个男孩在校园里销售曲棍。他被抓了，但是只被暂停上课三天，即使据说我们学校有让任何涉毒或暴力的人自动地被驱逐出去的"零容忍"政策。这一年我听说有一个男孩把另外一个男孩打昏迷了。这次欺凌也只让他暂停上课五天。

　　公立学校对有不良影响的孩子无法控制，也无法控制那些愿意学习但是却深陷其中的孩子。

　　今年我到了一所私立学校，其规模大概是公立学校的 1/3，我有

14~17 门课。所有的学生们都是有备而来的，都做好了学习的准备。学术也是专为挑战所有的学生而设计的，也会为那些需要的人提供帮助。

当然，在大学校园里有一些毒品和暴力，但是当元凶被抓时，他们就会被驱逐出去。

私立学校不会扼杀每个人的创造力或对知识的渴望。它们为人们提供了一个你应该对自己的行为负责的安全环境。

公立学校成了青少年的日托供应商。学生们仅根据上课的数量来获得及格的等级。

发表你的评论   和致编辑的信相比，评论比较难以发表，因为报纸在给予一篇文章多少空间方面有更多的选择性，因而也有更高的标准。和致编辑的信一样，为你的评论获得发表空间也取决于报纸的规模。"我通常每年看 75~100 份投稿，"为《芝加哥论坛报》编辑评论的玛西亚·丽斯科特说道。像《托皮卡首府新闻报》（*Topeka Capital-Journal*）和《班戈日报》（*Bangor Daily News*）这样比较小的报纸收到的投稿也明显很少。

打电话给你对在其上面发表评论感兴趣的报纸，然后询问他们倾向于如何接收投稿，字数有什么限制，应该投稿给谁，以及他们是否需要除个人联系方式之外的其他补充信息。罗伯特·惠特科姆说发送评论的最佳方式是邮件，并且你应该把评论放在邮件正文中，而非作为附件。他说："（发送评论的）唯一糟糕的方式是通过传真，因为它们通常会模糊不清。"在提交评论几天后，你应该跟进一个电话给评论主编，以确认他（她）是否感兴趣发表这篇文章。

为什么评论会失败？很多科学家在他们的评论没有得到发表方面感到沮丧。他们用了好几个小时起草和凝练他们的手稿，得到的结果却是一个又一个报纸拒绝发表。《巴尔的摩太阳报》的理查德·格罗斯认为有几个基本原因导致评论不能发表。"写得很差，太长（超过 800 字），论点呈现的很糟糕，没有意思，乏味。"另外一个原因是反复出现的难以理解的语言问题。"（科学家）是在为普通报纸受众撰写文章，而不是《科学美国人》。要让读者能够理解。"威廉·柯林斯更进一步说道。"有关任何主题的评论无法发表的主要原因是他们的目标不够明确。正如任何营销一样，产品必须以具体受众为目标，并且在心中认真地对受众进行构思。比如，一个人永远不能把适合于在《科学》上发表的文章投给《道奇城环球日报》（*Dodge City Daily Globe*），反之亦然。同样，一篇文章不可能既适合《道奇城环球日报》又适合《波士顿邮报》。"

7.10 新闻发布会

新闻发布会是一种舞台表演，1 人到 4 人在一群记者面前发言，宣布或发布具有新闻价值的事情，抑或对新闻中的事情做出回应。新闻发布会近来无所不在：一个新的体育团队转会了一个明星自由球员，一个被控的艺人宣布他（她）是无辜的，或者一个政治候选人出来发表声明，都可以举办新闻发布会。当然，当一个研究团队宣布一项新发现时，也会举办有关科学的新闻发布会。

"新闻发布会是一个人力密集型的事情，"卡特传播（Cater Communications）的莫罗·卡特说道，"它要求花费大量的努力来制作材料，形成信息，协调发言人，并且鼓励媒体参与。"她认为让媒体参与是最困难的任务之一。"需要花费很多个小时来向媒体'兜售，'比如多次打电话给媒体，不只是通知，而且是说服他们参与。"

鉴于所需要的所有工作，你需要认真地思考是否要组织一次新闻发布会。首先，你必须有重要的、不寻常的研究或观点，或让主编、记者及制片人感兴趣的研究或观点。如果你能把通常在一个议题上意见不同的专家或人（"同床异梦的人"）集中起来的话，这会非常有帮助，虽然这不是必需的。自问一下这个事件是否会吸引到电视记者。纸媒记者不必离开他们的办公室来为报纸或杂志撰写文章。另外，电视记者始终需要录像片段。（如果对记者是否会参与你的新闻发布会有疑虑，通过邮件的方式向记者发送素材以及在电话中交流也同样有效。）

"你的故事必须有引人注目的图片，或者用视频的方式来讲述你的故事，这是为了让它成为广播中的新闻，"卡特说道，"有些人错误地认为新闻发布会通过为摄像机提供画面来解决问题。这在一定程度上是对的——你必须有真的新闻来吸引媒体参与你的发布会。"

和新闻通稿一样，新闻发布会是一个途径，你可以通过可引述的方式把你的主要信息和论题传播出去，以便记者可以生产报道。简明扼要且让你的研究或观点引人注目且清晰，在传播信息的过程中要用原声摘要来点缀你的评论。在新闻发布会上，发言人绝不要超过 4 个。如果只有两个发言人，每个人的发言时间不要超过 5~6 分钟。如果有 3 个或 4 个发言人，他们每个人的发言要控制在 3~4 分钟。在发布会的过程中，应该尽早地邀请记者提问。

筹备新闻发布会

在举行发布会之前，制作自己的主要信息及论题的罗盘。如果发言人超过一个，每个人应该选择 1 个到 2 个信息作为他们讨论的焦点。对记者可能提问的所有问题进行头脑风暴，并且准备好答案，总是要尽量拉回到你的论题。如有可能，尽量把发布会的时间安排在上午 10 点到 11 点。这将会给报纸记者和电视记者有足够的时间筹备晚间报道或第二天的报道。

在有助于讲述你的故事的地方举行新闻发布会，如果你的新闻事件的主题是有关海平面上升的，那就在甲板上举行；如果它和政策议题有关，那就在政府大楼前面举行（你可能首先需要获得允许）；如果你发布的是大学赞助的研究，那就在大学的建筑里举行。确保发布会的地点位于记者能够便于参与的地方。在华盛顿特区，很多私人团体和非营利团体会在国家新闻俱乐部（National Press Club）里举行，因为记者就在这个建筑里或周围的某个地方工作。酒店的会议室也是一个不错的选择，如果没有其他合适的地点的话。如果你期望携带摄像机的电视记者人数比较多，你就应该租借一个"多语种意译箱"（multibox），这个设备可以（通过一根长的电缆）连接到讲台上的麦克风，并且使得记者可以在远离讲台的地方接入录音机。

一旦为你的新闻发布会定下了地点和时间，那就在活动开展一周之前向记者发送新闻通报（press advisory），然后在活动举行前一天或两天再发一次。这个通报包括了新闻发布会的所有逻辑细节以及有关为何这个事件具有新闻价值的简短预告（不要泄露新闻）。确保把这个通报发送给你当地的美联社和路透社办事处，并请求把这个事情加入他们的日记账（与你所在趋于的其他媒体共享的日历）。你或你所在的机构的媒体员工应该打电话给你希望能来参与新闻发布会的主要记者，以确保他们收到了新闻通报并鼓励他们前来参加。

在举行新闻发布会当日，你（或你所在机构的媒体员工，如果适用的话）应该提前一小时到达，以核查会场一切安排妥当。还要带一个签名册，以在记者到达时让他们签到。

一个司仪［隶属于你所在机构的人，或者第一个发言人，如果他（她）愿意承担这个额外的角色的话］应该简要地介绍发言人并概述这个事件的重要性。每个发言人然后轮流介绍自己的主要信息，以及背景信息和论题。"总是尽可能地用电视节目上的语言来发表观点，你会得到10~15

秒的出镜时间，"卡特说道，"确保你的发言简洁有力，你的想法令人信服且凝练，你的语言没有行业术语。你时时都必须用普通观众理解的语言。"

最后一个人发言完毕后，司仪应该让记者开始提问。让记者在提问题的时候自报家门。应该允许记者追问，但是不要让一个记者主导了全部问题，确保所有的记者都有机会向发言人提问。

最后，不要让新闻发布会的时长超过 1 小时。记者们都是大忙人，如果你说得太多，这就意味着在简要地介绍你的研究成果方面你做得不够好。大多数新闻发布会都能在 30~40 分钟完成。

7.11 电话新闻发布会

如果你的故事让众多的纸媒记者而非电视记者感兴趣，那么你可能会考虑举办电话新闻发布会。电话新闻发布会是同时跟很多记者进行交流的一种便捷方式，特别是如果你发布的是一项区域性或全国性的事件，而记者分散在不同的媒体市场中时。电话新闻发布会的宣传和呈现形式更类似于现场的新闻发布会，它也包括发送新闻通报和为发言人分配时间。然而，电视新闻发布会缺乏现场活动的活力，所以简短的演讲和回应是成败的关键。

在筹备电话发布会时，可以联系举办活动前一周联系一个电话会议公司，以为记者提供一个电话号码和接入码。在活动当天，当记者接入的时候，确保他们只能听到发言人的声音；他们的声音会被做静音处理，直到新闻发布会允许他们提问。想提问的记者可以按电话上的一个键进行排队。

视觉画面

　　印刷品喜欢为报道加插图，所以你应该找机会用图片或视觉表现的方式来呈现你的数据和发现。如果你用易于理解的图表或其他形式来呈现统计信息的话，那就在新闻发布会上、培育会议上或通过邮件的形式分享给记者。同样，你要让他们知道你是否有一些有意思的照片或者你可以带他们去亲眼见证某些东西。

　　如果你的研究有视频图像，或者你的研究所影响或给予辅助的领域，那就为电视记者提供这些素材，以便他们可以在报道中用到这些图像［这些素材被称为外景（B–roll），通常这些视频通过 β 带提供］。广播记者可能也对外景感兴趣，特别是如果有他们可以在报道中采用的音频的话。他们甚至会把它放到广播电台的网站上。

新闻资料包

　　新闻资料包是通过信件、邮件的方式或亲自送给记者的一套资料。新闻资料包应该包括下列材料。

　　● 报告

- 新闻通稿

- 背景文章

- 明白纸

- 专家简历

- 其他专家的联系方式

- 视觉材料（图表、照片）

- 外景

- 他人可用于在报道中引述的对你的工作或观点的背书

无论你是在发布一项重要报告还是简单地把记者招呼过来以培育关系，你都应该考虑提供新闻资料包。在首先了解记者是否对你的工作感兴趣之前，不要通过邮件的形式发送新闻资料包（也被称为电子新闻资料包）。否则，鉴于对未知的发送者和邮件病毒的担心，记者可能会在打开邮件之前就删除了。

7.14 参与广播节目

通过广播进行传播应该是你与媒体关系的一个核心组成部分。"科学共同体必须分别与广播及其听众保持联络，"卡普兰传播（Caplan Communications）的艾瑞克·卡普兰说道。卡普兰曾经是位于匹兹堡的一个早间广播节目的执行制片人以及位于南佛罗里达的一个语言节目电台的项目总监，他认为，"因为卫星广播的出现以及网络广播的普及，广播体现出了它的价值。因而，获取新闻和信息的听众数量在不断增加。此外，忠实听众对公共广播的参与也是一个因素。"

公共广播和商业新闻广播都是值得追求的，因为他们提供了新闻节目和讨论方式（比如，谈话类节目）的结合。把你的新闻通稿发给你所在区域的广播电台——公共广播和商业广播——然后打电话跟进一下。除了负责新闻部门的人之外，你可能还需要把新闻通稿发给负责不同广播节目的不同制片人。

如果在广播电台方面有选择的话，我们建议你首先联系当地的国家公共广播电台。国家公共广播电台很独特，因为和商业广播相比它经常播放较长的新闻。国家公共广播的长期科学记者理查德·哈里斯说："我希望人们可以给我讲故事。"和大多数新闻机构一样，国家公共广播电台也在寻找新的或有意思的报道，但与商业广播相比而言，它经常会对科学议题做深入的报道。和其他媒体机构的科学报道一样，国家公共广播的科学报道来自《科学》《自然》以及其他科学期刊。"科学家知道如果他们有某些很热门的东西，他们首先会发表在《科学》和《自然》上，"哈里斯说道，"所以当我们在寻找最热门的故事时，我们也首先看《科学》和《自然》，也包括医学期刊。"哈里斯说那些来自其他大学的比较大的话题难以在较小期刊上出现，但是他仍然希望科学家有新闻时可以跟他交流。

广播是一个跟公众交流的极好方式，因为它为突发新闻提供了最快速的周转。不同于报纸，你可以通过广播覆盖到多元的受众。"如今广播的一个最显著的优势就是它能覆盖更多的少数群体和服务不足的社区的能力，"卡普兰说道，"非裔美国人和拉丁裔受众是广播听众中增长最多的人群。"

如果你的故事有更广泛的全国性影响，你的媒体成员或公共关系机构可以安排一次"巡回广播（radio tour）"。这是你在办公室或家里开展的一系列广播采访，每次采访都在全国不同的广播新闻节目中播出。这是在短时期内覆盖到广泛受众的非常有效的方式。

7.15 卫星电视

如果你想对一项重大研究或议题进行传播并且有很充足的预算，那你可以考虑通过卫星电视来推广你的信息。在结构上，它类似于巡回广播。比如，假如你是波士顿学院（Boston College）的科学家，那你可以到波士顿当地的演播室，然后通过卫星转播出现在孟菲斯、印第安纳波利斯和全国其他城市的新闻节目中。

卫星采访的好处有几个方面。"通过开展卫星电视采访，发言人和他们的机构节省了差旅费用，离开办公室去往全国各地会让他们感到精疲力竭，"卡普兰说道。此外，他还认为："早间为期 3 小时的卫星电视采访可以让发言人覆盖到 15~22 个当地的全国广播公司、美国广播公司、哥伦比亚广播公司和福克斯电视台的分支机构。采访在当地主要的新闻节目中进行，这会让自己出现在《今日秀》（*Today Show*）、《早安美国》（*Good Morning America*）和《早间秀》（*Early Show*）中。通过在你所在机构的会员或资助方办公的地方的新闻节目中出镜，这也可以增加你所在机构的声誉。"

只要你有具有新闻价值的话题，能提供一个当地的或区域的报道视角（表明为什么那个社区的人们应该关注）并且有一些视觉信息，那么很多当地的电视台都会感兴趣。和健康、安全以及经济相关的故事通常最能吸引到这些记者。

每年你应该只考虑1次到2次卫星电视节目。"当地的全国广播公司、美国广播公司、哥伦比亚广播公司和福克斯电视台的分支机构不会频繁地参与一个机构或一所大学的这种活动，"卡普兰说道，"并且，任何学术机构或公共政策群体想宣传的新闻不足以值得让卫星电视每年两次进行报道。"

通过卫星的形式进行传播并不便宜。在纽约和华盛顿特区，制作代理公司每次收费高达2万美元。每多一个摄像机（为录制另外的发言人准备的）会额外增加1500美元。这些价格包括录音师租用费用、摄制人员费、化妆费、卫星播放费用以及向卫星的传输费用。代理机构应该提供以前的参考和案例。

7.16 新闻通报录像

新闻通报录像（video news release，VNR）类似于新闻通稿，只是其信息是以视频的形式提供的。新闻通报录像的特征是来自其他专家的原声摘要，使该话题富有活力的录像片段，以及传播了主要信息和论题的其他事实。为他的客户制作和分发新闻通稿录像的前方传播（Home Front Communications）的合伙人保罗·弗里克说新闻通报录像应该讲述一个引人注目的故事并且提供一些背景信息以"回答制片人/记者有关这个故事的很多问题"。

企业、大学、行业机构和非营利组织，以及政府都可以把新闻通报录像作为向当地或全国电视新闻节目提供新闻报道的一种方式。电视台经常在新闻报道中采用新闻通报录像中的片段或信息。有时候他们甚至会播出让观众们以为是电视台自己整合的预先编辑好的新闻通报录像。不过，新闻通报录像最好把"脚本"（slates）——你的信息和关键论题的文本——同你录制好的原声摘要和外景一起呈现。这样一来，记者就可以根据你发送的信息整合出报道，就像他们处理常规的新闻通稿一样。

新闻通报录像在覆盖全国大规模的受众方面是一种有效的方式，因为电视是大多数美国人获取新闻的最大的单一渠道。"根据播出时间的不同，美国有线电视新闻网头条新闻播出的典型报道可能会覆盖20万~25万观众，"弗里克说道，"如果同样的报道在费城的某个电视台播出，那么它的受众人数可能对增加两倍。所以在覆盖大规模受众方面，没有比当地电视台更好的媒介了，这使得新闻通报录像把重要信息传播给普通给公众方面非常有效。"

当然，新闻通报录像也有另一面。

当地电视新闻是为在最短时间内获取尽可能多新闻的观众服务的。因为电视新闻报道很多（通常是1分钟30秒），所以没有太多的时间来呈现科学细节，所以新闻通报录像必须用每个人都能理解的信息、原声摘要和图片来讲述。

也许你不经常有值得利用新闻通报录像进行传播的故事。健康和消费者报道最有可能得到播出。"只有科学共同体感兴趣的故事不太可能在电视新闻环境中很顺遂，"弗里克说道。但如果这些话题是广大观众感兴趣的并且能够以强调它们在个体日常生活中的价值的方式来呈现的话，那么考虑用新闻通报录像的方式作为传播这个故事的途径可能是恰当的。

和卫星电视一样，新闻通报录像也很昂贵，生产和分发服务的全部费用在2.3万~3.5万美元。这笔费用也包括对如何讲述故事提供建议，协调摄像团队，向记者兜售该报道，以及通过卫星传输和次日达邮件分发新闻通报录像。这项服务还应该包括对媒体结果进行分析，包括新闻通报录像产生的报道数，观众规模以及一些报道案例。

　　如果你的大学或机构有设备和生产专家的话，你可以在新闻通报录像上节省一些费用，他们可以为你录像并帮助编辑外景图片。你的公共信息官或媒体成员也可以向当地电视台推广你的新闻通报录像以进一步节省开支。然而，如果你有预算的话，最好与专业公司合作，因为他们知道当地电视台感兴趣的故事的类型，并且有当地电视台的联系方式，以帮助你的内容可以被播出。

8

作为名人和活跃分子的科学家

当物理学家莱恩·费舍尔第一次接到来自广告公司的电话时，他并不知道这次联络很快会让他对如何改善公众理解和欣赏科学产生更深的见解，这个问题在他心中萦绕了多年。曾经说要"为物理学注入活力"的费舍尔是科学家中一个独特种类的一员，他们被称为科普人员、公民科学家、公共科学家及可见的科学家——不仅满足于开展科学研究而且还要对他们的研究进行宣传普及的研究人员。他们是代表着科学知识和科学研究公共形象的大使和智者，与他们的学术成就相比，有时候他们因为在电视上的出镜、畅销书、国会证词，或社会评论或政治评论而更为出名。

美国国家科学基金会的前任主任兼克林顿总统科学顾问的尼尔·连恩成了这个热心公益的科学家阶层的信徒，他称之为"公民科学家（civic scientists）"。他解释说，这些科学家和工程师"从校园、实验室和研究院所走进了他们所在社区的中心，积极地与他们的同胞进行对话。"作为莱斯大学（Rice University）的一名物理学家，连恩认为科学家同行曾经阻拦他们在公共场合露面，而如今他们接受了这种情况（如果不是欢欣鼓舞的话）。他敦促那些具有传播技能的科学家要利用这些技能："当你看到机会的时候，看在上帝的分上接这个电话，并且花点时间接受采访，或走进华府做证。"下面我们将看到，这些积极分子并非没有风险，虽然很多陷入困境的科学家认为他们做了正确的事情。

科学家可以通过一系列活动参与到公众对话中。对这些活动进行思考的一种方式就是把它们按照最不具政治性到最具政治性的顺序进行排序。位于非政治性一端的是改善公众对科学和科学话题理解及欣赏的那些活动。而位于另一端的是影响政府政策的公开尝试。

8.1 大众科学或是无耻的机会主义？

1998 年，莱恩·费舍尔是英国布里斯托大学（University of Bristol）的一名物理学家，他起初因为就性的"物理学"发表了一篇言不由衷的论文而声名狼藉。当一个广告经理呈现了麦维他（McVitie）"消化饼干"的生产线时，他得到了接触公众的机会。该机构想为这个活动找一个科学的角度，以增加其客户联合饼干公司（United Biscuit Company）的零食的销量。生产商吹嘘说英国每秒钟就消费它 52 种巧克力消化饼干。麦维他正在策划一个"全国饼干浸泡周（National Biscuit Dunking Week）"活动，并且想让费舍尔在宣传浸泡的"科学"的坚实基础方面给予协助。

费舍尔同意帮忙，并且跟同事一起对茶和小吃进行了一些费时的调查。实际上，这个试验的真正主体是茶和小吃。烘焙的饼干面团是与糖和脂肪黏合在一起的淀粉颗粒合成物。当浸泡在热茶或咖啡中时，淀粉颗粒中的间隙充满液体的过程被称为毛细作用，这和吸墨纸吸收墨水是一样的。根据在瑞士开展的研究显示，浸泡对饼干口味的改善可以达到十倍以上，但是——问题恰在于此——硬的、烘焙过的淀粉在浸泡时会变软。热饮融化了脂肪，并溶解了糖分，就好像从砖墙上剥下砂浆一样。转瞬之间，湿而软的物质无法再支持自己的重量，并且肆意地溅落在杯中——饼干制造商声称每五块饼干就有一块会出现这种小意外。

费舍尔认为潮湿的饼干仍然保持完好无损的总体时间太短暂，他决意要解决这个问题。在研究了导致饼干瓦解的原因后，扩展湿而软的小吃保持完整的时长就容易多了，虽然预测每块饼干瓦解的平均时长需要深入的理论分析。费舍尔发现浸泡饼干的最常见方法，垂直于液体的表面把饼干投入到热茶或咖啡中，是不合理的，因为这种方式会让饼干在几秒钟就变得湿而软，并且在结构上变得弱化。然而，如果水平地浸泡饼干的话，只让底面接触到液体（这个过程涉及保持住甜味，就像准备扔飞盘一样），费舍尔认为其保持完整的时间可以延长四倍。饼干保持完整的时长增加很多的原因在于饼干干燥的一面可以承受湿而软的一面的重量，只要液体还没有完全泡透饼干。

当费舍尔对外公布他的"研究"时，英语国家的纸媒和广播媒体都热情地对其进行了宣传。十几份报纸对这个话题进行了报道，包括每一个主流的英国日报。费舍尔连续几个月接到远在澳大利亚和南非的电话（值得注意的是，美国没有一个主流报纸报道费舍尔这种作秀的方式，也许是因为美国人喜欢的浸泡式甜点——松软的甜甜圈在浸泡到热饮中时要比松脆的饼干表现更好）。"就是诺贝尔奖也没有得到过这样的宣传报道，"费舍尔就他的这段经历在《自然》上如此评论。在浸泡饼干这场作秀上演一年后，费舍尔获得了"搞笑诺贝尔奖"（Ig Nobel Prize），这个奖项是颁给那些"起初让人发笑，而后引人思考的"研究的。

是什么原因让媒体对费舍尔有关饼干的调查给予了大量关注呢？对于那些想提升公众对科学的理解或改善公共政策的实证基础和理论基础

的其他科学家而言，费舍尔的经历又给我们提供了什么教训呢？费舍尔认为他对饼干开展的实验表明虽然媒体可能不会怀疑所有的技术话题，但是他们对传播"熟悉的科学"感到最为舒适（虽然他注意到他们对解释"重大问题"也非常着迷，比如宇宙的命运）。令他吃惊的是，媒体对他使用 Washburn 方程来描述湿而软的饼干的行为感兴趣，这让费舍尔感到用足以做简要描述且明显不复杂的方程会激发纸媒和电视记者的兴趣。

费舍尔认为他学会了如何避免很多试图向公众进行传播的研究人员所面临的常见问题。他说这些研究人员失败的原因在于他们偏好于两种极端的一端：他们要么未察觉到他们受众的低技术能力，这会陷入"细枝末节"，要么过于削减了一个话题的细节，使其缺乏新意。他说他学会了如何根据受众的需求和兴趣对这些细节进行调整。他现在相信人们更有兴趣知道有关为什么研究人员会对他们所从事的研究提出问题的细节，而不是他们是如何得出答案的（比如，方法论）。比如，很多人可能对天文学家在遥远星球的亮度方面的研究感兴趣，如果他们知道这有助于解决宇宙是会一直膨胀下去还是最终会终结于"大坍缩"的话。他们可能对探测器的细节或研究人员如何修正错误不太感兴趣。"你无须成为一个欣赏写得很好的东西的作家，"费舍尔说道，"或者是一个欣赏某些画得很好的艺术家。"

自从他因为浸泡饼干的研究而首次亮相并成为向普通大众普及科学的科学家之后，费舍尔已经就熟悉的科学撰写了两本书。当被问及他是否后悔自己的腰围又大了几寸时，他说他"对日常饮食中的糖分没有感到不安"。他补充说自己每周都会收到广告商的一封邮件，问是否可以就科学地食用一种产品或另一种产品来开展一次类似于浸泡饼干这样的活动。他说绝大多数都拒绝了，只接受了"我可以让科学易于理解的"一小部分。

8.2

承受压力以让科学变得很酷

　　通过对日常活动的有趣的调查，费舍尔成了公众科学家这个著名的群体的一员，该群体成员还包括巴里·康芒纳、杰拉德·戴蒙德、西尔维亚·厄尔、保罗·埃尔利希以及 E.O. 威尔逊。他们是成百上千名公众科学家中最著名的一些人，他们改善着公众对科学的理解和欣赏，并且为公共政策提供坚实且在科学上合理的基础。

　　这些科学家的上一代经常被侧目而视。他们科学成就的质量经常遭到嘲笑，并且他们的动机也受到质疑。卡尔·萨根是一个技艺高超的明星科学家，当还是一个学生的他让自己的引语出现在了《纽约时报》上时，他所在领域的一个资深科学家讽刺挖苦地评论说，"我一直在跟踪你在《纽约时报》上的职业生涯，"这个年轻的科学家把这看作是他"通过提供引语而做了不好的事"。从 20 世纪 70 年代开始，通过像《宇宙》（Cosmos）这样的畅销书，有关天文学和搜寻地外智慧生命的大众电视系列节目以及经常在强尼·卡森的《今夜秀》（Tonight Show）上出镜，萨根成了科学上无所不在的发言人。很多科学家认为这个天文学家的范围广泛的公共活动非常粗鲁，这已经不再是什么秘密了；实际上，这种职业上的不悦是如此的明显，以至于科学家们仍然在用"萨根效应"来描述对获得了大量公众曝光度的研究人员的抵制。

　　海因茨三世科学、经济和环境中心（H. John Heinz Ⅲ Center for Science, Economics and the Environment）的主席、生物学家托马斯·洛夫乔伊回忆

起他学生时代的一件事情，在 20 世纪 60 年代，将他们的专业知识带到
实验室之外的研究人员"是会受到怀疑的"。如今，他说，"这似乎成了
每个人都应该做的事情。"物理学家大卫·格林斯布恩认为出现这种看法
转变的至少一部分原因在于科学共同体用卑劣的方式来对待萨根的"集
体罪责"的阵痛，特别是天文学家。格林斯布恩是一个行星科学家和两
本非技术性天文图书的作者，他把萨根视为导师和故友。他说自从 1996
年这个著名的天文学家去世以后，科学共同体开始认识到了它对这个适
于出镜的研究人员亏欠太多。萨根激发起了公众对搜索地外智慧生命、
太空旅行以及行星研究的广泛兴趣，这有助于这些研究活动获取稳定的
经费。在谈及科普人员时，格林斯布恩说道，"有一种冲动会让人们看不
起科普人员，然后他们想起了卡尔·萨根。"

　　下面我们会看到格林斯布恩的亲身经历，虽然对可见科学家的容忍
度有所改善，但是他们有时候仍然面临着非难，甚至更糟糕的情况。莱
恩·费舍尔说当他开始普及熟悉的科学时，"显然会有人说，'你为什么要
浪费时间呢？''为什么不做点严肃的事情呢？'"他有时仍能听到一些暗
讽的话，但是随着同事们看到了他的工作的价值，他获得了更多的赏识。
他不建议年轻的科学家跟随他的脚步（他 50 多岁才开始做科普），因为
"如果产生逆火效应，这会毁了你的职业生涯。"然而，和很多以公开的
方式来利用自己的专业知识的科学家一样，他认为他不后悔。2004 年 3
月，尼尔·连恩给他母校——俄克拉荷马大学（University of Oklahoma）
的学生和师资队伍建议说，当某些国家层面的公共政策在出台时缺乏或
者甚至是违反实证的或理论的依据时，让科学家的声音被倾听到就至关
重要。他说道，"不发表意见的风险是倘若人们让特殊利益、狭隘的意识
形态或者政治议程胜过科学的真理，那么就会出现两种情况：我们将得
到错误的政策（甚至是更糟糕的政策），以及公众会对科学的价值和政府
在利用科学为公众谋福祉的能力上丧失信心。"

　　大卫·格林斯布恩作为大众科学图书作者的这个职业表明，如果科学家们不能偶尔地保持警惕的话，他们是无法参与到这种活动中来的，特别是如果他们处于职业生涯早期的时候。1999 年，科罗拉多大学博尔德分校（University of Colorado at Boulder）拒绝授予格林斯布恩终身教职，至少部分原因在于他为普通读者撰写的图书，他建议年轻的教员在这一步上要认真地进行权衡。1990 年到 1994 年，这名科罗拉多大学的教授是国家航空航天局团队的一员，负责解读来自围绕着金星旋转的航天飞船"麦哲伦号（Magellan）"的雷达图像。金星在很多方面是太阳系中最像地球的一颗行星，比如大小、质量、与太阳之间的距离，虽然它表面的温度（400 摄氏度）足以让铅熔化。在麦哲伦号开始执行任务之前，没人知道金星的表面是什么样子，因为浓厚的云层始终包裹着这颗星球。这个宇宙探测器利用雷达穿透了云层并且发回了足够的数据，来为该星球的表面绘制一个详细且近乎完整的图片。格林斯布恩于 1997 年出版的《揭秘金星》（Venus Revealed）首次解释了这个团队对这颗神秘行星的发现。

　　格伦斯布恩的《揭秘金星》是为受过良好教育的公众撰写的，书中包括了他对该研究团队的发现将如何帮助地球成为更好的居所的个人思考。这似乎有益无害，然而两年后，他所在的大学拒绝授予他终身教职。这并不是说他没有得到同事们的支持。根据他作为教师和研究人员的业绩以及他对更广泛的社区的"服务"，他所在的天体物理与行星科学系的教员们在赞成授予他终身教职的票数方面有很大的优势。然而，艺术与科学学院（College of Arts and Sciences）（包括天体物理与行星科学）的院长建议学校拒绝授予这个职位较低的教员终身教职。在致格林斯布恩的公函中，院长说这个年轻的科学家"似乎把太多的时间投入到了（在两种意义上来说）流行的图书《揭秘火星》之中。他的科研产出受到了严重的影响。"格林斯布恩认为问题不在于他的研究质量，而在于"对年轻教员为普通大众撰写科普图书的偏见。"

　　大学的决定并没有阻止格林斯布恩对进一步的争论的追求。自此开始，他为普通公众撰写了第二本书《孤寂星球》（*Lonely Planets*），有关地外存在智能或其他形式生命的可能性的延伸性文章。该书主要涉及科学研究，但是格林斯布恩用一章的空间来讨论 UFO 目击事件，并谴责科学共同体中某些自诩的 UFO "揭穿真相者"有时候置之不理他们所嘲笑的忠实信徒所提供的事实和理性分析。如果错误的主张不能得到回应，那么对他们所担心的东西予以反驳的尝试就会成为无知和非理性的浪潮，格林斯布恩认为对所有 UFO 报告的怀疑同样是无效的。虽然他没有发现地外智慧曾造访过地球的任何证据，但是他们认为某些目击事件从来没有得到过充分的解释。格林斯布恩的个人网站（www.funkyscience.net）拓展了他们的论点，并且可以让人们瞥见他的幽默感。比如，这个科学家承认他"在极客变得很酷之前的很多年他就是名为极客（Geeks）的乐队的主吉他手"。

　　虽然不落俗套，但是格林斯布恩不是一个想法古怪的人。他现在是丹佛自然科学博物馆（Denver Museum of Nature and Science）的天体生物学馆长，以及国家航空航天局几个项目的首席研究员。他说他作品的首要目标是"把科学的愉悦与惊奇传播到牧师式的晦涩知识和语言之外"。他说这本书虽然不是以科学家为读者对象的，但是也发挥了推动科学的作用。他们允许他进行推测，不管他多么知识渊博，这在同行评议的出版物中也是不可能实现的。他认为像金星的云层中可能存在生命这样的观点"太过了""把他们带到旗杆那里，看他们是否会敬礼"。他在《揭秘金星》中描述过的这种特别的观点随后出现在了学术论文的参考文献中。他还声称自己开玩笑地提出了所谓的"颠覆性的议程"：对我们的星球提供一个全球性的视角，他认为这"对于人类的永续生存很有必要"。比如，在《孤寂星球》的最后一章中，他总结说如果其他星球中存在智能生命的话，它可能已经越过了人类当今面临的同样的"瓶颈"——有足够的技术来自我毁灭，但是没有足够的智慧来确保它不会这么做。这使他在"在常见的寒暄之后"会向地外智能生命提出第一个问题："不是'你是如何制造你这个奇妙的机器的？'而是'你如何学会了与自己共存？'"格林斯布恩说他"从阅读过我的图书的人们那里获得了很多反馈"，包括他的天文学同行。但是鉴于他"那次惨痛的负面经历"，他仍然告诫那些想为公众撰写图书的未获得终身教职的教授们"要当心"。

8.3　平衡研究和政策

特别是对那些对政治领域不感兴趣的科学家来说，成为科学的公开倡导者的一种方式就是用诱人的趣味性知识让不喜欢科学的公众感兴趣，就像莱恩·费舍尔和大卫·格林斯布恩在他们的图书和采访中所做的那样。对站在聚光灯下感到比较舒适的那些人想积极地推动具体公共政策或鼓励公众用一定程度的怀疑来了解新的政策、报告以及声明的重要性。有些科学家在他们传统职业之外的自由时刻从事这些活动，但是其他人则把这些活动作为他们生活和工作的核心部分。

乔纳森·贝克威思用 30 多年的时间来推动这种怀疑的态度，特别是在与他的微生物学专业相关的领域中。这位哈佛医学院（Harvard Medical School）的教授在 2002 年的回忆录《制造基因，兴风作浪》(*Making Genes, Making Waves*) 中认为研究人员可以同时既做好科学研究，又成为社会积极分子（他自己的职业生涯展示在该书的附录 A 中）。

　　作为一个年轻的科学家，贝克威思首次带领团队在试管中分离出了单一的基因。这一成就在操纵基因技术的发展方面是一个重要的里程碑，这一技术同很多其他发现一起引发了 20 世纪 70 年代和 80 年代的遗传科学革命。这一研究成果使他获得了著名的美国微生物学会礼来奖（Eli Lilly Research Award from the American Society of Microbiology），该奖是一项颁发给对这门科学做出杰出贡献的年轻科研人员的奖项。贝克威思当前的研究包括利用病毒遗传技术来研究细胞中的蛋白质折叠、细胞蛋白质分泌、细胞膜的结构以及细胞分裂。他是美国科学促进会的会员，美国科学院成员，这两个高规格的荣誉都证明了他是一个杰出的科学家。

　　贝克威思通过他很多积极分子的活动让自己的身份面临着风险。他是"科学为人民（Science for the People）"长期且积极的会员（直到 1993 年被解散），这是一个于 1969 年成立的激进科学家的群体，它反对其成员们所谓的对科学的滥用，比如比较白人和黑人智商的研究（他们为其打上种族主义的标签），以及改善"电子战场"的研究，即试图利用技术来让美国士兵在越南战场上更具杀伤力（为进行充分的披露，我们提到当格罗斯曼在 20 世纪 80 年代遇到贝克威思的时候，他也是科学为人们的会员）。当贝克威思和他的同事在遗传学上取得的突破于 1969 年公之于众时，他同时启动了后来成为他毕生事业的一项运动，即提升公众对伴随着科研结果而来的问题的认知。他和两个同事一起召开了新闻发布会，指出通过给科学家修改人类基因的权力有可能会让他们（一旦发现就会）具有净化基因的能力。这些科学家解释说虽然这种权力会给健康带来很大的益处，但是它也可以用于罪恶的目的，比如恶意歧视。他们的警告获得了广泛的媒体关注，并且成了很多报道的头版，比如《纽约时报》的标题是"基因被分离出来——是造福还是为害？"（The Gene Isolated——for Good or Evil？），《洛杉矶时报》的标题则为"科学家从细菌病毒中分离出了基因：试管婴儿感到担忧"（Scientist Isolate Pure Gene from Bacteria with Virus：Test–Tube Man Feared）。

　　在 1970 年获得礼来奖之后发表的一个演说中，贝克威思谴责制药企业鼓励过度使用抗生素的做法。虽然没有指名道姓地提及礼来公司这个大型的制药企业，但是他的评论与这个奖项赞助商之间的关系已经很明显了。为了抗议制药企业的做法，贝克威思拒绝以自己的名义使用礼来公司颁发的奖金。实际上，他把这笔钱捐给了黑豹党（Black Panthers）这个激进的组织，该组织当时正在对纽约市警察的迫害提出异议。

　　就像他在回忆录中描述的那样，贝克威思绝大部分的激进主义都是他对遗传学研究社会影响的关切的一种表达。过去滥用遗传学研究的教训深深地影响了这个微生物学家，比如 20 世纪初美国出现的优生运动，该运动主张为保护美国需要在生殖阶段阻止人们"劣等"基因的出现。受到优生学影响的州法律和联邦法律包括强制低智商的妇女绝育，或说她们有某种"不正常的"行为（比如犯罪史），禁止跨种族通婚，以及限制被认为"不招待见的"犹太人和其他群体移民。德国的"种族卫生主义"运动也经由美国优生学获得了活力，它在纳粹灭绝犹太人的计划中达到顶峰。虽然优生学运动在第二次世界大战后灭绝了，但是贝克威思谴责某些当代的遗传科学家利用不合理的科学来证明社会政策的正当性或为社会中社会安排的生物学基础提供站不住脚的结论。

　　比如，1965 年对苏格兰监狱中囚犯的一项研究得出结论说有多余 Y 染色体的男性（XYY 男性）有出现"异常激进行为"的倾向。该研究后来被认为是粗制滥造的，但当时它获得了媒体广泛的关注，特别是当囚禁于美国的一个著名的杀人狂被——错误地——认为拥有多余的 Y 染色体时。1973 年，贝克威思发现他医学院的一些同事正在开展一项针对有多余 Y 染色的孩子的长期研究。在获取了有关这项研究的一些信息后，贝克威思总结说孩子们的家长在情感脆弱的时候被招募进来（当母亲要分娩的时候），并且签署了误导性的知情同意书（除其他违规行为外，没有具体说明该研究的真正焦点）。他认为这项研究设计得非常糟糕，因而其结果也是毫无用处，这种失败会让人们质疑让受试儿童有被该研究污名化的风险。贝克威思还担心，如果家长意识到了他们的孩子有某种假定的攻击性遗传倾向，那么这项研究就会影响孩子的抚育，并无意中引发假定的行为。因而，他向学校的调查委员会（Committee of Inquiry）提交了正式申诉，在与哈佛医学院全体教员进行了激烈而不愉快的会面一年后，这个程序达到了顶峰。贝克威思的质疑被驳回，但是这些研究人员因为他们同事的抗议而激发起的公众压力不得不终止了研究，并且暂停了这项工作。

这个科学家最持久的遗产可能是他持续努力地冲击科学及其从业者的客观性基础，他认为这没有必要将科学家同公共审查隔离开来。他持续不断地质疑的观点：通过指出一些因素的重要性，比如运气、直觉和个人特质，科学研究的价值是中立的。贝克威思认为，科学期刊文章的客观形式和被动语态通过去除科学发现中主观的人类印记的任何线索使得"纯客观性科学的秘密"得以延续。这些文章移除了研究过程中的曲折和死胡同，以便实验的最终描述（类似于从假设到结果的这个真正漫长曲折的道路）只不过是类似于取代了乡村道路的高速公路。这种对现实的虚假陈述使得贝克威思在 2000 年发表于《美国科学院院刊》（*Proceedings of National Academy of Science*）上的一篇文章中对论文撰写的传统风格发起了挑战。这篇文章一反常态，开头便写道，"故事是这样的……"，他用这种方式描述了他历经十年的艰难曲折发现了形成细胞壁的蛋白质膜的故事。贝克威思还注意到作为人类，让科学家保持完全客观是不太可能的，特别是对人类这个种族来说。因而，他提醒那些通过利用进化原则来解释人类社会安排或行为（比如对强奸的进化解释）的生物学家，他们会不可避免地把使他们的调查和结论产生偏见的先入之见带入自己的研究中。

贝克威思把他对科学政治学的深度介入归因于他经受过的政治及意识形态的多元潮流——反文化革命,对越战的抵制以及著名生物学家提升公众对遗传工程可能的危害性后果的关切。他认为他在学术环境中开展工作很幸运,这种环境在一定程度上对非传统的活动有一定的容忍度,比如他对科学为人民的参与。虽然他向通过自己的例子来鼓励当今的年轻科学家把科学与激进主义结合起来,但是他承认把推动了他职业发展的历史上的罕见因素结合进来使得这种轨迹在如今难以被复制。虽然哈佛大学"有吸引激进的人的传统,"他说道,"但是并非所有的地方都如此。"贝克威思担心可能没有新一代的年轻科学家——激进分子准备好了承担他那一代人的责任。"如今的情况有点恐怖,"他说道,"没有更年轻的人出现。我没有看到他们做这样的事情。"

回顾他科学家和激进分子纠缠在一起的职业生涯,贝克威思说激进主义"给我的生活增加了一些东西"。更重要的是,他认为他的工作促进了遗传研究"对需要思考的伦理议题和社会议题的意识"。比如,在人类基因组计划(Human Genome Project)起初的预算中,这是一个找到3.2万个人类基因并记录整个 DNA 遗传密码(由30亿个元素组成)的巨大项目,有百分之五的研究经费分配给了对随之而来的伦理议题、法律议题和社会议题进行研究。贝克威思是美国能源部(Department of Energy)和美国国家卫生研究院(National Health Institutes)为监督这项研究而组成的顾问群体的首批成员之一。

这名哈佛大学的研究人员敏锐地指出离开实验室进入到公众之中并且用情愿的方式来取代他的移液器并不总是一帆风顺的。他还承认他的激进主义在几个重要的方面损害了他的研究。比如,在1970年到1984年,他没有获得任何科学上的奖励或荣誉——他承认这一定程度上是因为他在此期间不充分的研究进展而导致的干旱期。他说至少有一项重要荣誉因为他1970年获得礼来奖之后发表的一个演说而被推迟了几年,那就是被接纳为美国科学院的会员。在 70 年代中期贝克威思投入到科学为人民这个事业中的大量时间让他脱离了实验室，因而使他至少错失了一项"相当重要的"发现。据说因为他把 XXY 男性的议题公之于众而让一群教职工感到十分不高兴，他们正式要求学校去掉他的终身教职，不过贝克威思也勉强地逃过了一劫。他说，当医学院拒绝他暂停这个研究的请求时，这个计划也被束之高阁。

8.4 成为政治科学家的路径

斯坦福大学的教授史蒂芬·施耐德也把他职业生涯的大部分时间聚焦于如何让政府在制定政策时采用科研成果。自 1970 年以来，他研究了产生温室效应的二氧化碳排放如何改变了气候，并撰写了文章。他还是有关这个主题的百余篇论文的共同作者，他撰写或编辑了五六本图书，并且是同行评议期刊《气候变化》（*Climate Change*）的编辑。他还认为他至少 1/3 的清醒时间都致力于同媒体交流气候变化的政治学和科学。"如果你想让某事发生，那么你必须把消息传出去，"在解释他为什么用这么多的时间通过电话或者在摄像机前跟媒体交流时，这个精通媒体的科学家说道。"你必须告诉全世界发生了什么事。"他确实是这样做的。律商联讯（LexisNexis）数据库列出了 10 年间出现了他名字的 300 多份报纸和杂志文章——每周 2.5 篇（该数据库还不包括较小报纸、当地电视台、当地广播和大多数国际媒体的报道）。因为他在气候科学的研究和传播方面的贡献，施耐德在 1992 年获得了麦克阿瑟奖（MacArthur

Fellowship）。

他为何如此发愤图强呢？因为这个斯坦福大学的科学家说："这个世界不会仅仅因为你有好的科学就会把你家搞得门庭若市。"就在上一代人之前，在科学家们对人类导致全球气温升高的速度快过数千年来的任何时候方面获得有利的证据之前，气候科学还是一个相对很少有联邦经费支持且几乎没有公共声誉的学科。学术会议和学术期刊中对研究结果的辩论也是悄悄地进行的，并且通常也相对斯文。而今同样是这些研究人员，他们已经处于激烈的政治争斗的中心，而这些争斗可以决定整个生态系统，像新奥尔良这样低洼的城市以及数十亿美元投资的命运。因为担心如果美国积极地寻求降低温室气体排放的方案而丧失其短期收益的化石燃料工业以及他们的游说团体花钱支持了一小部分研究人员，以散播对气候变化的怀疑。这些职业的怀疑论者到处搜寻那些对人类是导致全球变暖的首要原因的全球性科学共识予以支持的研究的漏洞。因而，新的科研论文有时候成为电视、报纸和国会委员会中十分激烈的公开斗争的主题。施耐德认为如果他和志趣相投的同事不参与其中，那么不管化石工业赞助的科学家所持的观点的价值或真实性是什么，他们都会赢得胜利。

作为这个科学共识的著名且直言不讳的代表，施耐德已经处于近期很多与全球变暖相关的辩论的中心了。在这个过程中，他说他已经"进行了简化"，受制于"人身攻击"，并且被断章取义地引述，以至于其意义被"完全颠倒"，甚至是伪造他的引述，谎称整段话都是他说的。但是这个斯坦福大学的教授仍然不屈不挠，因为如他所说的那样，他没有选择。"在我看来，避开冲突并不是去'占领高地'，"他说道，"而是推卸责任。"

施耐德为那些想和他一起从实验室走到公众领域中的科学家提供了一些建议，尤其是当他们计划为像全球变暖一样已经被政客们高度极化了的领域提供政策建议时。对于那些要求在媒体中露面的学生，他说道，"要做就做很多，要不就不做。"就像建议投资者购买多元的投资组合以用其他的收益来平衡某些证券的损失（也会会产生净收益）的金融顾问一样，施耐德认为反复地在媒体中露面有助于降低一个单一糟糕报道的影响。"有些报道会让你的同事们觉得你很愚蠢，而其他的报道则会让你看起来比应得的还要好，"他在美国科学促进会1996年的一次会议上对听众说道（然而，施耐德认为那些不愿意对政治可见性和媒体可见性做出他那样的承诺的科学家仍然可以通过本书中讨论的很多方式参与进来，比如撰写评论文章，给编辑写信，以及在小型会议上做发言）。

如我们在第五章讨论的那样，在媒体中出镜需要进行认真的准备。我们不是在讨论要了解你的主题——这毫无疑问。我们讨论的是如何传递你的信息。施耐德建议想同媒体讨论政策议题的科学家竭尽全力地对是什么以及他们认为应该是什么进行区分。换句话说，他们必须尽力从他们应该是什么的观点中去除影响他们做出的是什么的很多主观判断。这并不意味着科学家需要把自己局限在陈述科学事实方法（"我自己也是一个有偏好的公民，"施耐德说道），但是这确实意味着科学家必须清晰地知道他们何时去教育公众，何时去提供建议。

在理解他们自己的成见以及他们自己领域的科学知识的弱点方面达到近乎禅意状态的研究人尚未准备好进入公共领域。施耐德认为这些科学家仍然面临着他们必须遭遇到的一种"双重伦理困境"，如果他们尚未克服的话。一方面，他们的职业责任要求他们精确地解释自己的科学。这涉及对全部结果进行描述，以及具体说明可能出现的各种可能性。比如，就温室效应而言，这个结果的范围从气候的极小变化到致使冰盖瓦解、海平面上升以及沿海城市被淹没等在内的气候灾难的突发。当然，每种结果都不太可能出现。更有可能的结果是更加温和的（但也仍然十分严重）场景，即海平面持续地上升数十厘米以及全球温度上升几摄氏度（虽然是逐渐地发生的，但是这种变迁很有可能最终会付出巨大的健康、经济和环境代价）。施耐德认为正直地呈现这样的科学也要求在对结果进行计算时把一系列不确定性纳入进来。

伦理困境的"另一方面"是试图影响政策的科学家希望他们的贡献能够发挥效果这一事实。但是，在像气候变化这样复杂的领域中，包含着上文描述过的这种深入分析的报告文本的页数可能会超过纽约市的白皮书。实际上，包含着施耐德主张的所有要素所组成的对事实进行真正诚实且精确地呈现的口头证词会让国会的冗长发言看起来像转瞬即逝的俳句。因而，诚实的目标有潜力，甚至是可能破坏效率。很少有立法者、记者或其他人愿意把比大部头著作厚两倍的东西视为笨蛋。这个所谓的15分钟名声的时代实际上在电视上只能持续30秒钟，或者在国会听证会上也只能有5分钟。如我们已经讨论过的那样，在新闻或大多数公众听证会中，没有展现细微差别的空间。为了行之有效，你必须要简洁、表达清晰、令人难忘，并且如有可能的话，还要绚丽多彩。这些要求同诚实性的要求存在着出入。

8.5 科学家该做什么？

正如我们在全书中所强调的那样，施耐德的建议是，当时间或空间的限制要求简洁且精练的陈述时，确保你有效地使用"易于理解的语言和比喻。"因而，在电视和广播采访以及国会听证会上，施耐德愿意为了达到有效性而进行简化，但是他用"支持性产品的层级"来支持他在广播节目中的陈述：社论、为普通人撰写的文章、网站和图书，每一个种类都比前一个要详细（且令人厌烦）。

　　莱恩·费舍尔、大卫·格林斯布恩、乔纳森·贝克威思以及史蒂芬·施耐德都至少在一个重要方面具有共性：他们都渴望提升公众对科学思维的理解，以及在公共政策中注入理性且科学上合理的思维方式。这似乎是一个值得赞美且无争议的目标，但是正如他们的经历所展示的那样，这个目标难以达成且存在着风险。有时候需要强健的体魄以及个人的牺牲。尽管困难重重，这些科学家——以及很多和他们一样的人——认为他们很高兴能为这条道路绘制蓝图。他们鼓励其他人跟随他们的脚步，听取莫罕达斯·甘地的建议："欲变世界，先变其身。"如果我们希望未来的几代人拥有更好的地球，本书中的很多科学家认为他们的职业有助于改善公众对他们工作的价值的理解——并且对一般意义上的科学的价值的理解。我们希望本书可以激励你至少采用一种新的方式来履行自己的公民职责。

参考文献

[1] National Science Board. Science and engineering indicators 2004 [M]. Arlington, VA: National Science Foundation, 2004.

[2] COYLE K. Achieving environmental literacy in America [M]. Washington, D.C.: National Environmental Education & Training Foundation, 2005.

[3] EINSTEIN A. Address at dedication of museum of science and industry [R]. [S.l.: s.n.], 1936.

[4] PEARSON G, PEARSON A. Thomas young, eds., technically speaking [M]. Washington, D.C.: National Academy Press, 2002.

[5] BRONOWSKI J. Science and human values [M]. New York: Harper & Row, 1956.

[6] HARTZ J, CHAPPELL R. Worlds apart: how the distance between science and journalism threatens America's future [M]. Nashville, TN: First Amendment Center, 1997.

[7] Market & Opinion Research International (MORI). The role of scientists in public debate: full report [EB/OL]. [2000-03-01]. http://www.wellcome.ac.uk/assets/wtdoo3425.pdf.

[8] British Association for the Advancement of Science. BA media fellowships [EB/OL]. http://www.the-ba.net/NR/rdonlyres/BF281954-2778-47oF-981A-Eo5CEE956B1o/o/MediaFellowsEvaluationReport.pdf.

[9] TANKARD J W, RYAN M. News source perceptions of accuracy of science news coverage [J]. Journalism quarterly, 1974, 51: 219.

[10] URYCKI D M, WEARDEN S T. Science communication skills of journalism students [J]. Newspaper research journal, 1998, 19: 64.

[11] TOBIAS S. Restructuring supply, restructuring demand [J]. Change, 1995, 27: 22.

[12] PHILLIPS D P, KANTER E J, BECHAREZK B, et al. Importance of the lay press in the transmission of medical knowledge to the scientific community [J]. New England journal of medicine, 1991, 325: 1180–1183.

[13] HAAS J S, KAPLAN C P, GERSTENBERGER E P, et al. Changes in the use of postmenopausal hormone therapy after the publication of clinical trial results [J]. Annals of internal medicine, 2004, 140: 184–188.

[14] BRZEZINSKI A, VANGEL M G, WURTMAN R J, et al. Effects of exogenous melatonin on sleep: a metanalysis [J]. Sleep medicine reviews, 2005, 9: 41–50.

[15] National Science Foundation. Merit review broader impacts criterion: representative activities [EB/OL]. http:www.nsf.gov/pubs/gpg/broaderimpacts.pdf.

[16] THOMAS C D, et al. Extinction risk from climate change [J]. Nature, 2004, 427: 145.

[17] GORMAN J. Scientists predict widespread extinction by global warming [N]. New York Times, 2004–01–08.

[18] KAY J. Dire warming warning for earth's species; 25% could vanish by 2050 as planet heats up, study says [N]. San Francisco Chronicle, 2004–01–08.

[19] SPEARS T. Warming will kill off a million species in 50 years: report [N]. Ottawa Citizen, 2004–01–08.

[20] LADLE R J, JEPSON P, ARAUJO M B, et al. Dangers of crying wolf over risk of extinctions [J]. Nature, 2004, 428: 799.

[21] HANNAH L, PHILLIPS B. Extinction-risk coverage is worth inaccuracies [J]. Nature, 2004, 430: 141.

[22] CONNOR S. Scientists find prozac 'link'to brain tumours [N]. The Independent, 2002-03-26.

[23] SERAFEIM A, et al. 5-Hydroxytryptamine drives apoptosis in biopsylike burkitt lymphoma cells: reversal by selective serotonin reuptake inhibitors [J]. Blood, 2002, 99: 2545.

[24] WHITEMAN M C, DEARY I J, LEE A J, et al. Submissiveness and protection from coronary heart disease in the general population: Edinburgh Artery Study [J]. Lancet, 1997, 350: 541.

[25] FLETCHER D. Put down that rolling pin darling, it's bad for your heart... [N]. Daily Telegraph, 1997-08-21.

[26] EDITORIAL. Media studies for scientists [J]. Nature, 2002, 416: 461.

[27] DUNWOODY S, SCOTT B T. Scientists as mass media sources [J]. Journalism quarterly, 1982, 59: 52-59.

[28] DUNWOODY S. A question of accuracy [J]. EEE Transactions on Professional Communication, 1982, PC25 (4): 196-199.

[29] TANKARD J W, RYAN M. News source perceptions of accuracy of science coverage [J]. Journalism quarterly, 1974, 51: 219-225.

[30] ENTWISTLE V. Reporting research in medical journals and newspapers [J]. British medical journal, 1995, 310: 920.

[31] BAHL S, COTTERCHIO M, KREIGER N, et al. Antidepressant medication use and non-hodgkin's lymphoma risk: no association [J]. American journal of epidemiology, 2001, 160: 566.

［32］BODDE T. Biologists and journalists: a look at science reporting ［J］. Bioscience, 1982, 32: 173-175.

［33］The Project for Excellence in Journalism. The state of the news media, 2004 ［EB/OL］. http://www.stateofthemedia.com/2004/narrative_networktv_contentanalysis.asp?cat=2&media=4.

［34］Scientists Institute for Public Information. Now in 66 dailies: newspaper science sections spreading nationwide ［J］. SIPIscope, 1986, 14: 1-17.

［35］The Pew Research Center for the People and the Press. Public's news habits little changed by September 11 ［M］. Washington, D.C.: The Pew Research Center, 2002.

［36］VCU Center for Public Policy. Public values science but concerned about biotechnology ［EB/OL］. http://64.233.167.104/u/veu?q=cache:qmrVr3AUv1MJ:www.vcu.edu/lifesci/images2/PublicValues.pdf+public +values+science&hl=en&ie=UTF-8.

［37］BENNET S E, RHINE S L, FLICKINGER R S. The things they care about: change and continuity in Americas' attention to different news stories ［J］. The Harvard International Journal of Press/Politics, 2004, 9: 84.

［38］Pew Research Center. Public's news habits ［EB/OL］. http://peoplepress.org/reports/display.php3?PageID=616.

［39］RUTZ D. Health week ［N］. Cable News Network (CNN), 1990-06-02.

［40］ALEXANDER C P. Medical progress: live! On CNN! ［N］. Time Magazine, 1990-06-25.

［41］FOREMAN J. Interest is intense in an AIDS heat test ［N］. Boston Globe, 1990-06-07.

［42］RAEBURN P. AIDS patient dies after heat treatment ［N］. Associated Press, 1990-08-15.

［43］BROOKS P. The house of life: Rachel Carson at work with selections from her writings, published and unpublished [M]. Boston: Houghton Mifflin, 1972.

[44] JAMES J S. Hyperthermia report: only one patient [N]. Aids Treatment News, 1990-06-01.

[45] SCHWITZER G. Merely lights and wires? [J]. Minnesota Medical Association, 2003, 86: 16-19.

[46] SCHWITZER G. Ten troublesome trends in TV health news [J]. British Medical Journal, 2004, 329: 1352.

[47] MCKAY D, et al. Search for past life on Mars: possible relic biogenic activity in Martian meteorite ALH84001 [J]. Science, 1996, 273: 924-930.

[48] SAWYER K. NASA releases images of Mars life evidence; space agency invites further inquiry by others [N]. Washington Post, 1996-08-08.

[49] OWEN R C. Martian message: there was once ancient life here [N]. Christian Science Monitor, 1996-08-08.

[50] KERRIDGE F. Mars media mayhem [J]. Science, 1996, 274: 161.

[51] The Project for Excellence in Journalism. The state of the news media, 2005 [EB/OL]. http://www.stateofthemedia.com 2005/narrative_networktv_contentanalysis.asp?cat=2&media=4.

[52] KING M. You've asked, and here are some answers [N]. The Alanta Journal-Constitution, 2003-07-26.

[53] LAROCQUE P. A simple concept, clarity [N]. Dallas Morning News, 2003-03-09.

[54] SOLOMON F. Chatting with reporters; words on words [N]. Policy and Practice, 2005-03-01.

[55] PAVIA J. Guidelines for talking to reporters do exist [N]. Investment News, 2005-05-09.

[56] FRAZIER J B. Columbia river spring salmon at new lows [N]. Associated

Press, 2005–04–15.

[57] PRELMAN D. Mass extinction comes every 62 million years, UC physicists discover [N]. San Francisco Chronicle, 2005–03–10.

[58] CUFF D. Study links traffic, student ailments [N]. Contra Costa Times, 2005–02–22.

[59] GUGLIOTTA G. Science notebook [N]. Washington Post, 2005–05–09.

[60] FLESHLER D. Scientists' study warns of fate of Florida's reefs [N]. Knight Ridder Tribune News Service, Bradenton Herald, 2005–03–20.

[61] SMITH P. N.C. opposes endangered species status for oysters [N]. Daily News, 2005–04–16.

[62] HAND E. Skeleton of Neandertal reveals bell–shaped being [N]. Seattle Times, 2005–03–13.

[63] WITHERS D. Scientists say E. Coast vulnerable to tsunamis [N]. Chicago Tribune, 2005–02–09.

[64] LEE M. Reviving a river: a $626 million, 50–year conservation plan for the Colorado River tries to balance needs of native habitat with people's demand for water [N]. San Diego Union–Tribune, 2005–03–27.

[65] VOGT T. Mount St. Helens: 25th anniversary: scientists keep tabs from a distance; cell phones, digital images, GPS technology make watching volcano today vastly different from 1980's work [N]. The Columbian, 2005–05–15.

[66] DANIEL M. Whale's death leaves questions [N]. Boston Globe, 2004–12–14.

[67] DOLD B. Meet the tribune editorial board; a citizen speaks its mind for 157 years [N]. Chicago Tribune, 2004–12–26.

[68] COULSON A. Oh, for some honest discussion of the issues [N]. St. Paul

Pioneer Press, 2004-10-10.

[69] WASSON P. Getting your thoughts into the newspaper [N]. Wausau Daily Herald, 2005-04-09.

[70] LANE N. Science and technology policy yearbook [M]. Washington, D.C.: American Association for the Advancement of Science, 1999.

[71] FISHER L. The physics of sex [J]. Physics World, 1995, 8: 76.

[72] FISHER L. Physics takes the biscuit [J]. Nature, 1999, 397: 469.

[73] GOODELL R. The visible scientists [M]. Boston: Little, Brown, 1977.

[74] SAGAN C. Cosmos [M]. New York: Random House, 1980.

[75] GRINSPOON D. Venus revealed: a new look below the clouds of our mysterious twin planet [M]. New York: Perseus Books Group, 1997.

[76] GRINSPOON D. Lonely planets: the natural philosophy of alien life [M]. New York: Ecco Press, 2003.

[77] BECKWITH J. Making genes, making waves: a social activist in Science [M]. Cambridge, MA: Harvard University Press, 2002.

[78] JACOBS P, et al. Aggressive behavior, subnormality, and the XYY male [J]. Nature, 1965, 208: 1351-1352.

[79] TIAN H P, BOYD D, BECKWITH J. A mutant hunt for defects in membrane protein assembly yields mutations affecting the bacterial signal recognition particle and sec machinery [J]. PNAS, 2000, 97: 4730-4735.

[80] FRIEDMAN S M, DUNWOODY S, ROGERS C L, et al. Communicating uncertainty: media coverage of new and controversial science [M]. Mahwah, N.J.: Lawrence Erlbaum Associates, 1999.

[81] FRIPP J, FRIPP M, FRIPP D. Speaking of science: notable quotes on science, engineering, and the environment [M]. Eagle Rock, VA: LLH Technology Publishing, 2000.

鸣谢

如果没有忧思科学家联盟领导和员工的支持，这本书不可能问世。在这里，谨代表我们自己要特别感谢苏姗·肖所付出的努力，以及凯文·克诺布洛赫在让这本书得以出版方面所提供的资源。凯瑟琳·莫斯海特不懈的研究努力以及一贯的幽默感让我们的生活变得更容易。菲利普·诺尔斯也是一个重要的研究助理。即使是有其他工作需要他们出力的时候，布莱恩·沃兹沃思以及海瑟·塔特尔也超越了对本书进行编辑以及对一些部分进行组织的工作要求之外。还要感谢艾琳·奎因、保罗·法因、艾瑞克·杨、卢克·沃伦、琳达·甘特，他们对科学与媒体之间的关系有着深刻的见解。我们要感谢珍·瑞瑟勒从一个科学家的视角对本书的部分手稿进行了审阅，以及黛博拉·布鲁姆提供的有益评论。

还要感谢我们的代理商，费斯·哈姆林，谢谢你使得罗格斯大学出版社成为本书的出版机构。我们觉得让体贴且一丝不苟的奥德拉·沃尔夫成为本书的编辑是我们的荣幸。我们还要感谢对本书的终稿进行审稿的安妮·施耐德，以及使本书最终付梓的贝斯克雷塞尔以及尼科尔·曼加纳罗。

我们两位还要感谢各自的妻子，梅根·海斯和萨拉·邦森，以及我们的家人，他们给予了我们极大的支持和鼓励。

最后，我们无比感谢所有的科学家、记者和传播专家，感谢与我们分享你们的专业知识和经验。这本书是我们的，也是你们的。